中国古代建筑知识普及与传承系列丛书

CHINESE VERNACULAR HOUSE

中国民居五书

福建民居

李秋香
罗德胤
贺从容　著
陈志华

清华大学出版社

北京

图书在版编目（CIP）数据

福建民居 / 李秋香等著.—北京：清华大学出版社，2010.5 （2017.11重印）
（中国古代建筑知识普及与传承系列丛书.中国民居五书）
ISBN 978-7-302-22304-7

Ⅰ.①福… Ⅱ.①李… Ⅲ.①民居-建筑艺术-福建省 Ⅳ.① TU241.5 ② K928.79

中国版本图书馆CIP数据核字（2010）第041988号

责任编辑：徐　颖　于银丽
装帧设计：格锐联合HAVEST
责任校对：王荣静
责任印制：杨　艳

出版发行：清华大学出版社
　　　　　网　　址：http://www.tup.com.cn, http://www.wqbook.com
　　　　　地　　址：北京清华大学学研大厦A座　　邮　　编：100084
　　　　　社 总 机：010-62770175　　　　　　　　邮　　购：010-62786544
　　　　　投稿与读者服务：010-62776969, c-service@tup.tsinghua.edu.cn
　　　　　质量反馈：010-62772015, zhiliang@tup.tsinghua.edu.cn
印装者：三河市铭诚印务有限公司
经　销：全国新华书店
开　本：170mm×230mm　　　印　张：21.25　　　字　数：305千字
版　次：2010年5月第1版　　　印　次：2017年11月第6次印刷
印　数：19001～20500
定　价：99.00元

产品编号：036576-02

献给关注中国古代建筑文化的人们

策划：华润雪花啤酒（中国）有限公司

统筹：清华大学建筑学院
　　　王　群　朱文一

主持：王贵祥　王向东

执行：清华大学建筑学院

资助：华润雪花啤酒（中国）有限公司

参赞（按姓氏笔画排名）：

于立彬　毛葛　王川　王哲　王喆　王雅莉

邓为　刘旭　刘起周　刘煜　孙娜　孙菁芬

朱勋　朱轶人　闫东　吴京颖　吴轶秦　张力智

张兴华　张远堂　张音玄　张琳　李冰　李念

李新钰　李磊　邵磊　陈迟　陈金花　陈瑾

周奕奕　尚晋　林霖　欧阳烨恬　武煜东　姜冰

赵星华　赵雯雯　赵巍　唐斌　徐涛　秦达闻

郭雪　脱亚宁　黄妙艳　黄绍宾　黄漫漫　焦燕

董晓颐　鲁漵　廖慧农　蔡沁文

·总序一·

　　2008年年初，我们总算和清华大学完成了谈判，召开了一个小小的新闻发布会。面对一脸茫然的记者和不着边际的提问，我心里想，和清华大学的这项合作，真是很有必要。

　　在"大国"、"崛起"甚嚣尘上的背后，中国人不乏智慧、不乏决心、不乏激情，甚至不乏财力。但关键的是，我们缺少一点"独立性"，不论是我们的"产品"，还是我们的"思想"。没有"独立性"，就不会有"独特性"；没有"独特性"，连"识别"都无法建立。

　　我们最独特的东西，就是自己的文化了。学术界有一句话："建筑是一个民族文化的结晶。"梁思成先生说得稍客气一些："雄峙已数百年的古建筑，充沛艺术趣味的街市，为一民族文化之显著表现者。"当然我是在"断章取义"，把逗号改成了句号。这句话的结尾是："亦常在'改善'的旗帜之下完全牺牲。"

　　我们的初衷，是想为中国古建筑知识的普及做一点事情。通过专家给大众写书的方式，使中国古建筑知识得以普及和传承。当我们开始行动时，由我们自己的无知产生了两个惊奇：一是在这片天地里，有这么多的前辈和新秀在努力和富有成果地工作着；二是这个领域的研究经费是如此的窘迫，令我们瞠目结舌。

　　希望"中国古代建筑知识普及与传承系列丛书"的出版，能为中国古建筑知识的普及贡献一点力量；能让从事中国古建筑研究的前辈、新秀们的研究成果得到更多的宣扬；能为读者了解和认识中国古建筑提供一点工具；能为我们的"独立性"添砖加瓦。

王　群

华润雪花啤酒（中国）有限公司总经理

2009年1月1日于北京

◆ 总序二 ◆

  2008年的一天，王贵祥教授告知有一项大合作正在谈判之中。华润雪花啤酒（中国）有限公司准备资助清华开展中国建筑研究与普及，资助总经费达1 000万元之巨！这对于像中国传统建筑研究这样的纯理论领域而言，无异于天文数字。身为院长的我不敢怠慢，随即跟着王教授奔赴雪花总部，在公司的大会议室见到了王群总经理。他留给我的印象是慈眉善目，始终面带微笑。

  从知道这项合作那天起，我就一直在琢磨一个问题：中国传统建筑还能与源自西方的啤酒产生关联？王总的微笑似乎给出了答案：建筑与啤酒之间似乎并无关联，但在雪花与清华联手之后，情况将会发生改变，中国传统建筑研究领域将会带有雪花啤酒深深的印记。

  其后不久，签约仪式在清华大学隆重举行，我有机会再次见到王总。有一个场景令我记忆至今，王总在象征合作的揭幕牌上按下印章后，发现印上的墨色较浅，当即遗憾地一声叹息。我刹那间感悟到王总的性格。这是一位做事一丝不苟、追求完美的人。

  对自己有严格要求的人，代表的是一个锐意进取的企业。这样一个企业，必然对合作者有同样严格的要求。而他的合作者也是这样的一个集体。清华大学建筑学院建筑历史研究所，这个不大的集体，其背后的积累却可以一直追溯到80年前，在爱国志士朱启钤先生资助下创办的"中国营造学社"。60年前，梁思成先生把这份事业带到清华，第一次系统地写出了中国人自己的建筑史。而今天，在王贵祥教授和他的年长或年轻的同事们，以及整个建筑史界的同仁们的辛勤耕耘下，中国传统建筑研究领域硕果累累。又一股强大的力量！强强联合一定能出精品！

  王群总经理与王贵祥教授，企业家与建筑家十指紧扣，成就了一次企业与文化的成功联姻，一次企业与教育的无间合作。今天这次联手，一定能开创中国传统建筑研究与普及的新局面！

朱文一

清华大学建筑学院 院长
2009年1月22日凌晨于清华园

丛书序

　　乡土民居的研究，是乡土建筑研究的基础。刘敦桢先生开拓了我国的民居研究领域之后，后继的人陆续不断，成就不小。现在要开出一个比较完备的目录来，已经是个十分困难的大事了。

　　可惜，多少年来，我们没有一个稳定的、有足够规模的专门研究机构，来坚持不断地、系统地从事这件十分有学术价值的工作。只有一位陆元鼎先生，克服困难，花大力气持久地推动全国性的民居研究工作。

　　"建筑是石头的史书"，这是西方人在19世纪说的。我们中国人，就要说，"建筑是木头的史书"了。或者，简单地说，"建筑是一部重要的史书"，不论是石头的还是木头的。中国的历史著作大多很片面，因此显得很单薄。宋代的王安石就说过，《春秋》无非是些"断烂朝报"而已（《宋史·列传第八十六·王安石传》）。近代的梁启超说："中国的正史是专为帝王作家谱。""从来作史者，皆为朝廷上之君臣而作。"（《梁启超文集·中国之旧史》）建筑写就的史书却是客观的，很忠实地承载着各个时代人们的生活，因此阅读建筑这本史书，对我们了解真实的历史大有帮助。

　　住宅是最基本的建筑类型。它们遍布各地，凡有人烟处便有住宅。人们生活在千差万别的自然环境与历史文化环境之中，于是，住宅便要适应千差万别的自然条件、社会状况和文化传统。适应了它们，便反映了它们。自然条件、社会状况和文化传统是通过人，也就是通过人的建造和人的使用来传达给住宅的。这种传达不是个体的人一次性完成的，而是一代又一代生活在一定环境中的人类群体，历经漫长的岁月，一步一步传达过去的。在每一步的演变中，不但自然条件、社会状况和文化传统在变异，而且先前存在的住宅又限制和塑造着人们对住宅的建造理念和使用方式。这是一个没有尽头的相互磨合的过程。因此，可以把住宅当做生活发展的镜子看待。它们不仅仅是一种单纯的实用之物。生活是变化又创造着的，住宅也是变化又创造着的。

一般住宅，尤其是乡土住宅，远不如宗祠和庙宇那样规模宏大、装饰华丽、工艺精湛。住宅的个体虽然简单，但它的研究远比宗祠、庙宇要复杂得多、困难得多。

住宅研究的困难更因为它的分布之广而增加。自然条件、社会状况和文化传统因地而异，住宅对这些条件、状况的反应远比宗祠和庙宇的反应要灵敏得多。宗祠和庙宇的地方差异不及住宅那么大。简单来说，在很辽阔的范围里，庙宇、宗祠的结构方法都是木质梁架或穿斗式的，墙坯都是砖的或生土的，空间格局也大体有一定的模式。而住宅，除了占大多数的木构、院落式的以外，因不同地区的自然、信仰、生活习俗、历史、群体心理、经济水平等的不同，还有窑洞、草棚、帐篷、竹楼等等，甚至还有以船舶为宅的。即使合院式住宅，也有许多或显著或细微的变化。何况，还有土楼、围屋之类的大型集团性住宅。又例如，从社会文化角度看，对比皖南民居和闽东民居，就必须从两地的历史和民俗下手。前者是徽商保护财富的堡垒和禁锢妇女的监狱，后者是参加生产劳动的有独立人格的妇女的家。

住宅又是农村各类公共建筑的原型。无论寺庙、宫观，还是宗祠、书院，它们基本的建筑空间格局、结构方式和装饰大都以住宅为蓝本。深入地了解乡土住宅，是做好乡土建筑整体研究的基础。

研究立足于调查，调查是研究的出发点。起始阶段的调查，还不足以支持深入的研究，因此调查的结果会遭到一些袖手旁观者或"摘桃派"的讥讽，被称为"资料学派"。但资料积累到足够的程度之后，才可以进行深入的研究。可是，单靠目前这种散兵游勇式的学术调研，想要达到这个目标就太困难了。

我们期待着一个专业的乡土建筑研究机构的设立。我们相信，在经济建设的高潮来到之后，一定会有一个文化建设的高潮。怕的是磨磨蹭蹭，到了那一天，保存下来的乡土建筑已所剩无几。所以，目前要做的，除了坚持调查之外，就是投身于乡土建筑的保护了。

眼前将要出版的这套书，所收录的各篇文章的作者有七老八十的，也有青春焕发的，这是好现象。我们特别要感谢那些在几十年前，挽起裤腿，撑起纸伞，提一包干粮，在崎岖的山道上辛苦跋涉去调查乡土民居的老人们。向毕生从事民居研究，并且不辞辛苦，主动挑起重担，年年组织全国性民居研讨会的老师致敬！祝他们幸福！

陈志华

清华大学建筑学院建筑历史与建筑文物保护研究所 教授
2010年3月

导读

不可否认，中国的城市化运动堪称人类历史的一大壮举。

在过去的30年中，我们已经把将近4亿的农村人口转变为城镇人口。[①] 这一速度，相当于"每年制造两个波士顿城"[②]，这一进程预计将持续到2020年——那时候我们的城镇化水平将达到60%。

城市化带来了生活的巨变。普通人眼中最直观的现象，无疑是那些被称为"钢筋混凝土丛林"的多层与高层楼房。表面上看，市场经济为我们提供了众多的选择。正如哲学家罗素说："参差多样，本是幸福之源。"和父辈们相比，我们在住房的选择上确实"幸福"多了。地段、外观、楼层、户型，甚至室内所有的陈设和家具，每一项都可随意挑选，只要荷包里（包括未来）的钱足够。

---

① 根据国家统计局官方网站在2009年9月17日公布的《新中国60周年系列报告之十：城市社会经济发展日新月异》：1978年我国城镇人口（居住在城镇地区半年及以上的人口）为17 245万人，城市化率17.92%，2008年底城镇人口为60 667万人，城市化率45.68%。30年里新增的43 422万城镇人口，包括城镇本身增加的人口和来自农村的人口。由于城镇实行较为严格的计划生育政策，所以新增的城镇人口大部分来自农村。
② 引自：中国城市化的危机，"中国选举与治理"网，http://www.chinaelections.org/newsinfo.asp?newsid=101321。波士顿的市区人口约600万。

实际情况呢？城市的趋同化似乎已难以逆转。如果只看近年新建成的某些楼群，你很可能分不清一个南方城市和一个北方城市有何显著差别，也看不出一个东部城市和一个西部城市有何明显两样。千城一面的局面，已经让城市规划的专业人士们忧心忡忡。还有更令人不安的，那就是几年前开始的"新农村建设"浪潮，似乎又要把城市的趋同之风刮向农村。村民别墅排列得整整齐齐的江苏华西村，已被奉为新农村建设的国字号楷模；被称为"京郊新农村建设模范"的平谷区挂甲峪村，一共新建了71栋别墅，全部一模一样。住在这样一个村子里的农民朋友们，在回家时想必要先认准了门牌号。

不少有志气的建筑师，已经在用自己的智慧与城市的趋同化之风做抗争。他们不愿意看到全国的城市都长一个样，也不愿意看到全国的农村都长一个样。尽管抗争的结果现在还难以预料，抗争的手段却值得我们关注。智慧之花不会凭空绽放，它总离不开枝枝蔓蔓。除了自己开动脑筋之外，建筑师们恐怕还得多从历史和传统中搜寻启发与灵感。当他们把目光投向存在于历史并且保留至今的乡土建筑时，就不得不发出这样的感叹：这些从来都不用费心去和所谓趋同性做抗争的"无名建筑"，才真正是文化多样性的体现。

乡土建筑随自然条件、社会状况和文化传统的不同而发生变化。在各类乡土建筑中，住宅对这些情况的反应又是最灵敏的，因为它与生活的关系最为密切。[①]

相信绝大多数国人都可以随口说出小学课本对我们伟大祖国的描述：历史悠久，地大物博，人口众多。这些年，伴随着经济发展而出现的资源紧张，不少人开始反思"地大物博"的说法——再大的地，再博的物，让众多人口一平均，也就少得可怜了呀。然而，就乡土住宅这个学科领域而言，地大物博的说法依旧是成立的。我们可以和欧洲做一个简单对比：中国疆域之大，几乎相当于整个欧洲；而中国大部分地区属于大陆季风性气候，其干湿变化和温度变化相比于欧洲国家的海洋性气候，要更为剧烈。这就意味着，在中国，人们要应付比在欧洲更复杂多变的气候条件和生态环境。应付的手段，主要表现为两个层次：第一层是衣服，第二层是建筑（尤其是住宅）。这是我国乡土住宅之所以如此丰富多样的重要原因。

从游牧民族的毡房到农耕民族的合院，从坚固封闭的藏族碉房到轻巧开放的壮族麻栏[2]，从掘地六七米的黄土窑洞到耸起三五层的福建土楼，从炫耀财富的晋商大院到禁锢妇女的徽州天井……列举这些千差万别的乡土住宅，其建筑形式之多样性与历史信息之丰富性，不得不令人惊叹。

如此厚重的文化遗产，当然值得珍惜。然而，我们现在所面临的，恰恰是乡土住宅的迅速消失。我们追赶现代化的步伐，一刻也未停歇，只有少数人意识到，应该救救那些优秀的遗产。它们不仅属于一个国家，还属于整个世界。它们不仅属于我们，还属于我们的后代。

在对遗产保护没有把握的前提下，我们至少能做到记录。这便是《中国民居五书》的一个宗旨。

《中国民居五书》，延续了"中国古代建筑普及与传承系列丛书"的策划思想——每年围绕一个主题来组织和撰写书稿。这套丛书起步伊始，即2008年，选择以北京为主题。这是综合考虑了北京的首都地位、奥运会的举办、撰写者[3]对所在城市的熟悉度等因素之后做出的决策。作为中国封建王朝最后700余年的首都，北京拥有最具代表意义的几处文化遗产，如故宫、天坛、颐和园和长城[4]，还拥

---

① 陈志华、李秋香撰文，李秋香主编，《住宅·前言》（上），北京，生活·读书·新知三联书店，2007年。文字略有修改。
② 广西壮族的干栏式住宅，在当地方言中称作"麻栏"。
③ 以清华大学建筑学院的教师为主。
④ 根据北京市文物局于2009年6月发布的信息，明长城北京段长度为526.7公里。相比于8 850余公里的总长，北京段长城只是其中的一小段。这是《北京古建筑五书》里未包括长城的原因之一。

有体现整体历史城市的大量传统四合院。在过去的几十年，关于北京这几处文化遗产和北京四合院的书籍已经出版了不少，但它们大都是各自为战，并未以系列丛书的方式呈现。

"中国古代建筑普及与传承系列丛书"选择故宫、天坛、颐和园和北京四合院作为其开山之作[①]，确实反映出策划者的智慧。建筑是思想文化的结晶，是生活劳作的体现。然而，作为建筑学的专业人士，我们在耕耘自己的"一亩三分地"时却常常忘记了建筑的最初意义。为什么初到北京的旅游者，一定要去参观故宫、天坛、颐和园和长城？因为它们最美、最壮观，更因为它们是皇帝为起居工作、祭祀上天、娱乐游赏和防御外敌而修建的工程。(图0-1～图0-4)贵为天子的中国皇帝，无论其领土有多宽广，无论其身份有多尊贵，在基本生活要素上和我们普通人其实并无本质上的差别。对于每一位现代人而言，工作、休息和娱乐是永恒的三大主题，而祭祀礼拜活动在世界上很多地方，甚至在那些科技最先进、经济最发达的国际大都会，也依然存在。在现代社会，与安全防御有关的建筑、工程和设施与过去相比，只怕是更为复杂多样，而非简化。从工作、休息、娱乐、安全和信仰这几个基本生活要素搭起的共同平台出发，我们可以更好地将平凡与辉煌作对比，可以更深刻地领会帝王与俗世之差别。也只有把故宫、天坛、颐和园和长城这几处文化遗产作为一个完整有机的文化谱系[②]并列起来看，我们才能更全面地理解北京在中国历史上的地位。

在《北京古建筑五书》完成后，丛书策划者选择乡土住宅（民居）作为第二年的主题。这是出于两方面的考虑。

第一，清华大学建筑学院的乡土建筑研究小组（以下简称清华乡土组）在乡土建筑和乡土聚落的测绘、调查和研究上已经积累了丰富的经验，形成了丰硕的成果。陈志华、楼庆西、李秋香三位老师

（图0-1~图0-4）故宫【左上】、天坛【左下】、颐和园【右上】和长城【右下】是皇帝为起居工作、祭祀上天、娱乐游赏和防御外敌而修建的工程

---

① 除了这四处文化遗产地之外，《北京古建筑五书》的第五书是《北京古建筑地图》。

② 位于北京郊区昌平的明十三陵，是皇帝"死后的住所"，也应该在这个谱系中占得一席之地。十三陵于2003年列入世界文化遗产，也是北京重要的旅游景区之一。北京附近还有两处清代皇帝的陵墓，分别是河北遵化的清东陵和河北易县的清西陵，它们于2000年列入世界文化遗产。

率领的这支团队，先后吸引了包括我本人在内的200余名建筑学本科生和研究生加入。他们在过去20年里调查了13个省份内不同类型的100余个村镇，用建筑测绘和实地采访的方式收集了大量一手资料，完成建筑测绘图纸3 000余张，同时出版了40余部关于乡土聚落的研究报告，成为建筑界和文化界知名的一个品牌。"让优秀的学者写优秀的建筑学普及读物"，是丛书策划者从一开始就提出的主张，也是丛书具体组织者和撰写者追求的目标。

第二个措施是邀请其他优秀学者加入我们的写作团队。针对清华乡土组研究较少或缺乏研究的地区，我们特别邀请了几位在民居和乡土建筑领域卓有贡献的学者，比如贵州省文物局的吴正光老师、西南交通大学乡土建筑研究所的陈颖老师、华中科技大学建筑学院的赵逵老师和江西省新建县汪山土库负责人叶人齐先生。

我们并无野心在《中国民居五书》里涵盖所有省份，只求在力所能及的范围内最大程度地为读者呈现具有代表性和多样性的乡土住宅。

本书是《中国民居五书》的第三册，讲的是福建境内4个地点的乡土住宅。在《中国民居五书》第二册的序言中，我曾将浙江比喻为清华乡土组的"大本营"。按此说法类推，福建可算得上是一个"次本营"。清华乡土组在福建省的研究点，一共有5个，仅次于浙江，与山西省的研究点一样多。考虑到福建和北京之间的距离，以及福建在几年至十几年前的交通状况，能选择并完成这5个研究点，已属不易。

福建的研究点之所以比较多，原因可能是多方面的（比如我的老学长黄汉民老师的推荐），但更重要、更根本的，还是福建省本身的乡土建筑遗产数量大，种类多。这一点，乍听起来和浙江省很相似。浙江的乡土建筑遗产丰富，是由于它在一千多年的历史长河里一直在我国的经济和文化领域占有举足轻重的地位。福建是个"山高皇帝远"的地方，怎么也会有如此丰富的乡土建筑呢？答案，恰恰要从"山高皇帝远"这句话说起。

福建是个多山的省份，山地要占全省土地面积的80%以上。在山地生活，意味着交通不便、政府管理薄弱和开垦成本较高。但是，福建并不全是山，它还有一些面积不算小、适于开展农耕业的盆地，比如福州盆地、泉州盆地和漳州盆地，等等。这些盆地，又恰好沿海分布，于是当地人在农耕之余也发展起航海业。另外，福建有一条年平均径流量居全国第七位的闽江，为省内交通命脉，尤其对沟通闽北、闽西和闽东起到重要作用。在历史上大部分时间里，福建与中央王朝的距离比较远，但与西部的一些省份相比，还是更近的。在一段时期（南宋）内，福建与朝廷甚至只有数百里之隔。"山虽高而皇帝不远"，在南宋，福建的开发得到朝廷的高度重视。

　　福建的山川格局和她所处的地理位置，给她的历史发展带来了两个特点。第一个特点，是地区发展的不均衡性。沿海的几个盆地和闽江上游与浙江、江西接壤的一些地方，开发较早，文化也相对发达。闽东地区，唐初就已经出了进士。福建的科举成绩在宋明两代曾居于全国前列，也多是依靠这些先发展起来的地区。闽西、闽北的山区，则要等到明代玉米、土豆和番薯等美洲旱地作物入华并普及之后，才得到有效开发。

　　第二个特点，是内外交通的不均衡性。福建的对内交通，包括省内交通和与浙江、江西之间的交通，都不是很方便，但对外交通却相当发达。山地多，是影响对内交通的重要因素。同时，作为省内交通命脉的闽江，由于季节落差大，水流湍急，暗礁密布，航运业也大受限制。而福建沿海的居民，很早就开展海上交通和海上贸易了。到宋元时期，福建的泉州港已成为与广州并列、甚至可能超过广州的一个大型海港。当时从中国西北出发通向欧洲的"丝绸之路"，早已因各民族之间的频繁争战而几乎陷于断绝，从泉州港出发的"海上丝绸之路"遂取而代之，成为最重要的东西方交流通道。这种交流，无疑是以物质交换和经济利益为基础的，但也不可避免地伴随有文化上的传播与互动。

大约从"五胡乱华"①的时候开始，每一次中原地区出现大型动乱，都会酿成"衣冠南渡"②之类的事件。于是，不同时期南迁入福建的北方士族，在和当地土著结合之后，加上福建内部交通不便和海路交通发达的共同作用，便形成了很多个或大或小、相对独立、各具特色的生活圈和文化圈。这些文化圈和生活圈，在建筑材料和建筑形式上也得到充分体现。比如，"闽西有大量举世闻名的圆形或方形土楼，闽南盛行装修极其华丽的红砖建筑，闽东以热情奔放的、像海浪一样涌动起伏的封火山墙为重要特征，闽北建筑则多表露木结构，简朴轻快"③。

本书中5篇文章，涉及5个地点的乡土住宅：福建省的福安市楼下村、永安市安贞堡、南靖县石桥村、连城县培田村和浦城县观前村。（图0-5）

---

① 指西晋末期和东晋时期，北方多个少数民族大规模南下，对原有的汉族政权产生强烈冲击。
② 西晋末年，受北方少数民族南下的威胁，晋元帝渡江而建都建业（今江苏南京），中原士族相随南逃，史称"衣冠南渡"。
③ 参见陈志华著，《楼下村》，北京，清华大学出版社，2007：11。

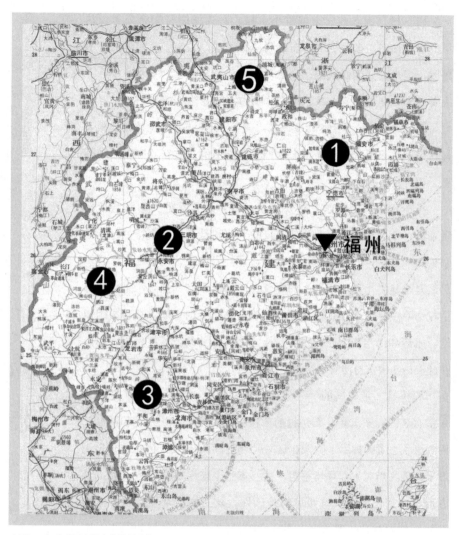

（图0-5） 本书五个研究点的地理位置：

❶ 福建福安楼下村

❷ 福建永安安贞堡

❸ 南靖石桥村

❹ 连城培田村

❺ 浦城观前村

楼下村是闽东的一个偏僻小山村，距离海岸有30余公里。这里的乡土住宅，多是由中、左、右三路组成的大宅子。它们的外墙封闭，但内部开朗而敞阔；"宅与宅之间相隔也远，每座房子看上去都独立、完整而有个性，四个立面都会有隐喻女性的叫做'观音兜'式的山墙，轮廓十分活泼而又柔美"①。陈志华先生认为，楼下村住宅的建筑形式，反映出当地妇女参加劳动，并在家庭生活中拥有了相对较高的地位。

位于闽中偏西的永安市安贞堡，是福建常见的大型家族聚居堡寨的一个突出代表。此类建筑反映了福建社会的两个特征：一是宗族组织强大，二是政府管理薄弱，匪乱易生。这两个特征，其实仍然是福建"山高皇帝远"的体现。政府管不到的地方，宗族填补了权力真空。而以维护小集体利益为最高目标的宗族，是容易因田地、水源和风水等矛盾而发生宗族之间的械斗的。家族聚居堡寨，在此类械斗中常扮演着重要角色。

石桥村，是闽南的一个小山村，村里的大部分建筑就是时下非常有名的客家土楼。石桥村的土楼主要有方形、长方形和圆形三种。李秋香老师揭示了隐藏在这3种土楼背后的历史动因：方形出现最早，因为当时生存环境恶劣，需要集整个宗族之力一致对外；长方形于中期出现，具有明显的外向性，这是由于环境改善、人口增加、陡坡建房（平地已用尽）和风水观念共同作用的结果；圆形在后期出现，是由于太平军给当地造成了巨大的破坏，使得村民们采用了防御性更强的建筑形式。

培田村，地处闽西，也是个客家人的村落。但是，和石桥村以朴素的土楼为主不同，培田村的住宅是多样的：从简单到复杂，有锁头屋、八间头、四点金、两进式、围龙屋、九厅十八井等；占地面积，最小的不足100平方米，最大的将近7 000平方米；早期的住宅，以夯土墙木构架为主，朴实简洁，后来的一些商人之家，"质量及品味也越来越高，建筑装饰日渐繁复，雕梁画栋异常华丽，尤其是各种砖制门楼，砖雕、灰塑、彩饰格外华丽"[②]。在这里，李秋香老师为我们解读了一个有趣而与以往印象不一样的客家村落。

闽北的观前村，是顺应闽江上游航运业的发展要求而形成的一个商业性聚落。按生存手段来划分村落部局，也许是观前村最大的特色——整个村落分为三个小村庄：上坊村，居民主要以放竹排为生；下坊村，居民主要靠撑船为生；中坊村则多经商之人，另外有一部分村民从事挑担业。相应地，随着生存手段的不同住宅质量亦参差不齐，且住宅质量与房主职业有明显的对应关系。商人住宅最好，其次是船夫之家，再次是放竹排者的房屋，最差的是挑夫的住房。

这五种乡土住宅，可以说在一定程度上体现出了福建乡土建筑和乡土文化的多样性。

罗德胤

2009年12月

---

① 陈志华撰文，李秋香主编，《住宅》，北京，生活·读书·新知三联书店，2007：62。

② 见本书原文。

目录

壹 连城培田村住宅

培田村位于福建省连城县西部，旧属长汀县管辖。古汀州府所辖的八县，即长汀、宁化、武平、上杭、永定、连城、清流、归化（现明溪县），相当于现在龙岩地区的大部分和三明市的西南部，是今天人们惯称的"闽西"范围。闽西之所以特殊是因为这里居住着一些被称为"客家人"的族群。

培田村吴姓始祖元代末年迁居于此，至今已600多年，繁衍了27代，有300多户人家，1400多人口的客家血缘村落。清康乾时期，社会平稳，农事顺畅。培田村吴姓人丁兴旺，农、文、工、商全面发展，尤其是在外经商者，衣锦还乡，在故里大兴土木，先后建起10余幢豪宅大屋，有的为子孙而建，有的以备老年落叶归根，颐养天年之所。清代末年又有一次建设高潮，使整个村落得到扩展，东西宽约500米，南北长近1000米，占地达0.5平方公里。站在卧虎山上俯视培田村"列屋瓦鳞鳞，平铺宛如玉"，好大一片屋宇。

---

① 本文根据李秋香著《闽西客家古村落——培田村》（"中国乡土建筑"丛书，北京，清华大学出版社，2008）有关章节改写而成。

一·建筑类型的演变

培田村居住建筑的发展演变大致经历了三个阶段。

第一阶段：培田村第六代以前家族人口少，居住建筑体量不大，建造材料以夯土墙木构架为主，住宅风格朴实简洁，建筑类型较多。有方形和圆形的宗族集居式的小形土楼建筑，据培田《吴氏族谱·八胜》记载："康熙五十六年（1717），清宁寨建土楼，嘉庆末圮尽。" 清宁寨就在培田南坑口北侧，被称为左老虎爪的小冈上。据村里年长者形容：清宁寨上的土楼直到1949年前夯土残墙还在，为圆形，全部夯土筑造，楼的直径约20米，上下两层，朝南只有一个门出入。到20世纪60年代"学大寨"平整土地时遗迹被平掉了。

另一处土楼建在村落水口，是用来助文运的土楼，村民说：此楼为方形夯土建筑，上下两层，为"乐菴公按巽方版筑"。每边长约十几米，朝西有一门。二层有小窗，曾是培田老八景之一的"崇墉秋眺"。原址至今留有土楼场之名。

除小型土楼外，村落初建时期还有大量的三开间单层或两层的木构架夯土墙建筑，如文贵公从上篱迁至赖屋，就于"西北山阿左傍创楼三间……匾之曰望思楼"[①]。由于是夯土墙，大多数住宅的开间、进深都很小，房子单层低矮，没有院落。（图1-1）

---

① 引自《培田吴氏族谱·文贵公上屋记》。

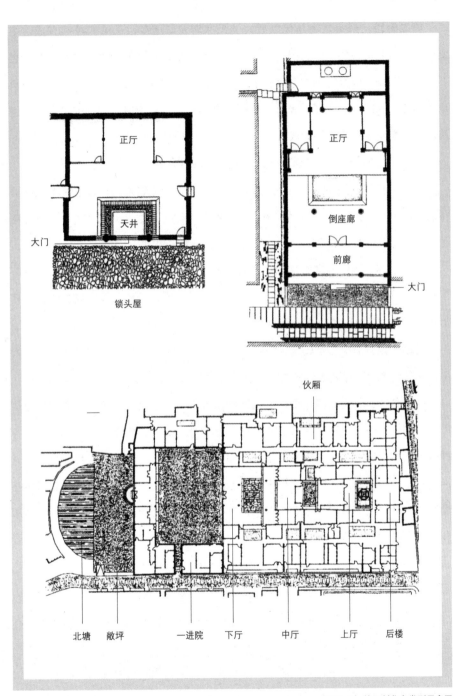

正厅

天井

大门

锁头屋

正厅

倒座廊

前廊

大门

伙厢

北塘　敞坪　　　一进院　下厅　　　中厅　　　上厅　　后楼

（图1-1）培田村住宅类型示意图

第二阶段：到第八、九代以后，吴氏家族人口增多，子弟们经商有成，多数把钱带回老家兴建住宅，因为老家才是他们的根，是他们的永久基业，当然也不乏炫耀张扬的成分。为改善拥挤的居住条件，住宅规模比早期明显增大，不再是简单的三开间或五开间，多是前后两进院落，左右带横屋。大型的可有四五进院，左右横屋各有两排，如双善堂一幢住宅占地6 800平方米。另有吴日炎所建的一栋住宅，占地6 900多平方米，被村人称为"大屋"。

土楼不再建造，而多采用四点金、前后两进式的建筑形式。但建筑的围护墙体仍采用夯土，建筑内部多用木构架、木板壁等材料。为了美观结实，不少住宅已开始部分使用青砖筑墙体，或卵石墙体，里面为木构架、木板壁。

建筑形制已逐渐丰富成熟。大型聚居式建筑有七八幢，如双善堂、上业屋、下业屋、溪垅屋等，属围龙屋式样；寨岭下、学堂下、横楼屋等均属方楼、圆楼形式。还有中轴对称的前堂后楼的"九厅十八井"式住宅。

第三阶段：清中叶至民国年间，大型住宅依旧以"九厅十八井"式大住宅为主，此外仅建有一栋围龙屋式住宅。

此时住宅已不再用夯土墙，而全部使用砖木结构，或石、砖、木结构。建筑质量及品位也越来越高，建筑上的装饰日渐繁复，雕梁画栋异常华丽，尤其是各种砖制门楼、砖雕、灰塑、彩饰格外华丽，多显示出商人趣味，而且规模很大。形成这种状况的原因，主要是培田吴氏家族经商发财者较多，家族房派之间相互攀比，加之住宅多有房祠合一的形式，一幢住宅实际是一房人共同建造，共同居住，共同在此祭祖，因此只有规模较大的住宅，宽敞的庭院，才能满足人们的要求。如继述堂大宅，建造时间达几十年，占地面积6 000多平方米。如松堂、双灼堂、灼其堂、济美堂、敦朴堂等占地面积也在3 000～5 000平方米上下。

在靠近商业街或村落周边还出现了一些花园式小住宅，这大多是大宅的主人为清闲安逸而另辟的宅园。

目前，培田村保存较好的住宅有30余幢，其中明代始建的住宅约10幢，清代所建住宅约20幢。基本是大中型住宅。

二·建筑形制

　　"一生劳碌，讨媳妇养儿做大屋。"这是培田一带流传很广的民谚，它充分反映出住宅在人一生中的重要性。人们辛辛苦苦赚到的钱，大都倾注到了建筑"大屋"上，这样的"大屋"梦想甚至要几代人的努力才得以实现。因此，房子的建造无论是雕饰华丽，还是简洁朴素，都丝毫不马虎。

　　培田村现存住宅类型很多，从简单到复杂，有锁头屋、八间头、四点金、两进式、围龙屋、九厅十八井等。这些实际上是住宅核心部分的形制，通常房基地形状并不规则，为此住宅通常先建其核心部分，十分规整。然后再根据住宅周边地段建横屋或其他辅助用房，由于街巷曲折，住宅用地不规则，辅助房形状顺应地形、街巷，这就使村子整体因住宅外观而错落有致千变万化。

■ 锁头屋

　　锁头屋平面为三合院，正房三开间或五开间，单层，左右厢房各一开间，前面是照墙，无倒座，中间围合着天井，大门通常开在前照墙上。由于它的平面形式很像旧时的锁头，故称为"锁头屋"。

锁头屋正房当心间是住宅的厅堂，左右次间为卧室，两厢大多敞开没有门窗，做厨房和杂务间。锁头屋是培田住宅中规模最小，且最简单的一种，早期使用较多，后来家族兴旺起来，村中多建起大宅，这种小房子多散建在村边，是贫困户的住宅。

■ 八间头和四点金

小型四合院住宅，通常正房及倒座均为三开间，左右厢各一开间，中间围合着天井。大门前面没有宇坪。这种房子一共有八个开间，所以叫"八间头"。其中有一些正房当心间用做香火堂，倒座当心间用做门厅，两厢一起都不做门窗而全面敞开，只有四角上正房和倒座的次间为门窗严谨的封闭的内室，就又叫"四点金"。有些房子的两厢也做门窗装修，则只能叫"八间头"了。有门窗装修的厢房通常用为起居待客，有喜庆时拆下门窗与天井合为一个空间使用。

"八间头"和"四点金"适合小家庭居住。扩大住宅的常用方式是在它们的两侧增建横屋①，它们则成了大住宅的核心部分。

■ 围龙屋

培田村在明代曾建有几幢围龙屋式和圆楼式的住宅，但都毁坏，现存两栋民国时期建造的围龙屋，一栋是双善堂，一栋是双灼堂。

双善堂建于清乾隆年间，是富甲一方的财主吴纯熙②所建。双善堂西侧距南坑口20余米，坐西朝东，宅背后正靠虎头山。风水上说："山主人丁水主财"，要想子孙发达就要引龙入宅，即"围屋养龙"，于是在宅子后面，建起马蹄形的一排围屋，围住后面山上下来的"龙脉"。这半圈围屋是围龙的定义性部分。宅子前面为了聚财挖有一口半月形水塘。

围龙屋由三部分组成：首先是中央上、下两堂和两厢形成的合院部分。下堂三开间，正中为大门，左右次间是敞廊，三间通敞。上堂三间，正中为香火堂，供祀祖先，左右次间为卧室。其次是位于合院外侧的，前后走向面对中央的"横屋"部分，有居室，也有厨房、杂物房、粮仓和鸡舍等。第三部分就是围屋。培田村的围屋均为一层，所围的"化胎"③为平地，并不凸起。

双善堂住宅原称"新屋"，是两堂两横单围屋式，即左右各一道横屋，后面一道围屋。占地10亩，砖木结构。清咸丰年间新屋建造已久，便将其重新油饰修葺，雕梁画栋，格外华丽。咸丰八年（1858）九月，太平天国军队袭扰培田时，为了劫掠财富，专拣新屋大宅来抢，抢完之后则付之一炬，"新屋"就这样被烧毁，仅残存左侧横屋和后围屋部分。（图1-2～图1-5）

（图1-2）双善堂前院

---

① 住宅中轴线上的核心部分外侧，平行于厅堂轴线方向的条形房子为"横屋"。
② 吴纯熙，吴氏第十四世祖，名曰炎，号宏斋。生于康熙七年四月十二日，卒于雍正元年。
③ 吴氏族谱图上称为"花台"。

（图1-3）
双善堂上厅

（图1-4）
双善堂厢房

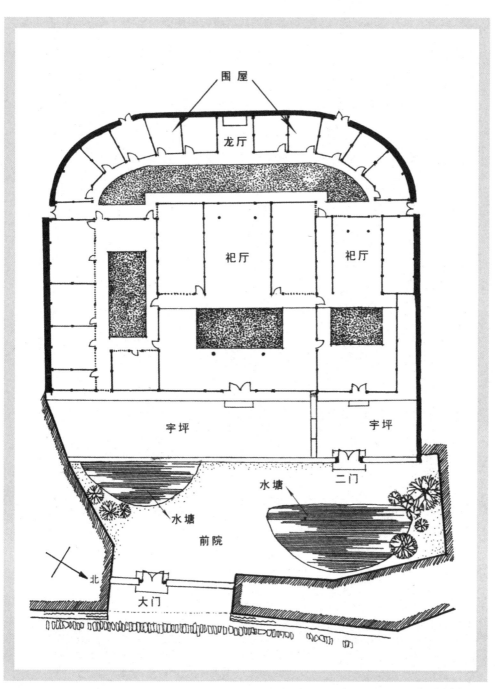

围屋

龙厅

祀厅　　祀厅

宇坪　　宇坪

二门

水塘

水塘

前院

北

大门

（图1-5）培田双善堂围龙屋式住宅平面

清同治五年（1866）缓堂公经过春秋四载筹资，一座围龙屋在"新屋"基址上重新建成，因资金有限，规模比原新屋要小些，但住宅格局，如厅堂门路、日月池塘，基本沿旧制。《吴氏族谱·缓堂先生墓表》中载：

族叔缓堂先生，培田岁荐生也。先生少聪颖，事亲以孝闻，兄弟友爱甚笃，度量洪雅，宗族间怡怡如也。博学经史，善属文，工书法，《地理挨星》一书，尤细心研究。晚年豁然有悟，著《福缘》五册以阐杨公①未传之秘。断人休咎，应验入神。

他曾为村中许多宅第勘基定位，是村中很有威望的乡绅。当时子侄无居处，他"待子侄如一体。构一室，颜其堂曰'双善堂'。不以己赀而独居也，与其堂侄同居焉"。为了使双善堂的风水利于家族子息的繁衍，缓堂公对原围龙屋的格局略加修整，围龙屋仍由合院、横屋和围屋三部分组成，合院部分不变。上堂正中供祀缓堂先生之祖父十六世一觐公，上悬"双善堂"的大匾："光绪九年癸未冬月立，肇造丙寅"，落款为："监生吴默光制赠邑庠生昌皓、修职，昌颖、修

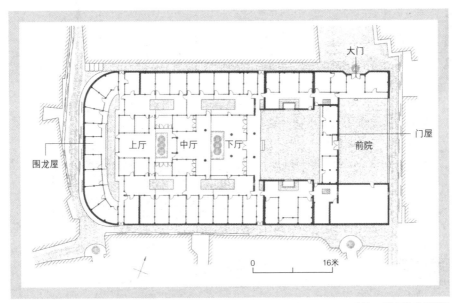

（图1-6）双灼堂平面图

---

① 杨公，又称杨公仙师，即江西派风水大师杨筠松。

（图1-7）双灼堂后围龙屋

职、贡均、修职,太学生昌盛、修职,明经进士太（泰）均、邑庠生作舟。"上堂左右次间为卧室,缓堂公就住在这里。

双善堂右侧横屋不变,左侧原横屋位置改成与正房并列的小偏院,也坐西朝东,有上、下两堂。在正院和偏院之间是一条宽1米左右的走道。走道向前通到双善堂的天井,向后面通到围屋。由于中轴双善堂主院是缓堂公居住的地方,缓堂公去世后,子侄为感恩,将中轴主院上堂设为专祀缓堂公的私己厅。

这两座并列的院子前是宇坪,在宇坪围墙之外还有一个外院,缓堂公精于堪舆,为了宅子阴阳和谐,特挖有两口不大的半月形水塘,由于它的形状很像春日萌发的两片"玉叶",因此宅子又被称为"玉叶堂"。两座并列院子的后面是马蹄形的围屋,它拥抱维护着双善堂。

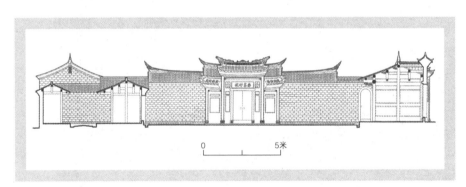

（图1-8）双灼堂一进横剖面图

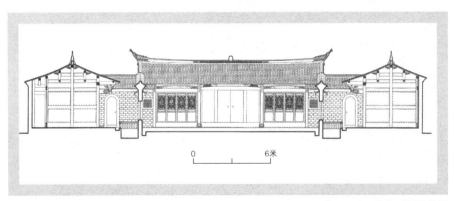

（图1-9）双灼堂二进横剖面图

另一座围龙屋是清光绪末年建造的双灼堂，它与双善堂的建筑形制一样，只是多建了一个中堂，为三堂两横单围屋形式，因建造得晚，建筑装饰很新潮，色彩也很亮丽。(图1-6～图1-9)

■ 九厅十八井

九厅十八井式建筑由中央厅堂部分及横屋部分共同组成。中央厅堂部分通常为三进至四进，即：倒座、下堂、中堂、上堂，也有五进的，即上堂之后再建一座后楼。厅堂有三开间或五开间不等。左右横屋部分也不一定对称，而是根据地段的宽窄，建成一排或两排或三排横屋。长长的横屋在朝向内外宇坪和中央厅堂部分厢房的位置，通常都分隔成相对独立的侧院，如三进的宅子，每侧横屋可有3个院子。四进的宅子，每侧横屋可有4个院子，五进的，每侧横屋可有5个院子，有外宇坪的通常还多建一个院子。每个侧院内均有小厅，很适宜大家族中的小家庭居住。在大型住宅中，朝向内宇坪的横屋院子，前照墙多为装饰性很强的镶嵌砖花或彩色琉璃花饰的漏空照壁，照壁前还常常栽种石榴及桂花，使宽大空旷略显单调的内宇坪增添些许生机。

"九厅十八井"是培田人对建筑规模的一种描述，在培田村建筑实例中，被称为"九厅十八井"的宅子几乎没有一栋严格遵循这样的标准数字模式。因此"九厅十八井"只是形容建筑规模宏大，厅堂多，天井院落多；同时取"九"和"十八"两个民间认为吉祥喜庆的数字。目前村中保存较好的称为"九厅十八井"式的住宅有5座，其中"大屋"（官厅）和继述堂两座现状最好。

大屋（官厅） 建于清康熙年间，已有200余年的历史。宅子的主人吴日炎，"字纯熙，号宏斋。国学生候选州司马。生于康熙七年（1668）四月十二日，卒于雍正元年（1723）"[1]，乃培田吴氏第十四世祖，年轻时外出经商，有心计，善

---

① 引自：《培田吴氏族谱·世谱》。

理财，赚钱之后首先想到的就是回乡建造大屋，除了显扬炫耀，也备落叶归根时居住。

清代初年时，培田村的规模还不大，住宅多为锁头屋和四点金式小宅子。吴日炎所建的一栋大屋，就相当于四点金式小宅子的几倍大，村人以前没有见到过这么大又如此气派的宅子，干脆直呼这栋宅子为"大屋"。（图1-10～图1-13）大屋太大，以致造了十几年才竣工，花费银两无数。而在这十几年里，吴纯熙还同时建造了其他的宅子及银楼、商铺等。村人为他的财力感到惊异，于是有了吴日炎一生挖八窝窖藏，造七座大屋的各种活灵活现的传说。据说：

培田往汀州府的山岭上有一窟涌泉。泉边有两块大砖，供人匍匐喝水时垫脚。砖块长期浸在水中，长满了厚厚的青苔。一天，吴日炎上汀州府办事，走累了便在涌泉边喝水，不小心脚从砖上滑落，擦掉了砖上的一层青苔，砖头呈现出亮灿灿的金光，吴日炎仔细一看，原来是两块金砖。

这就是"喝水得金砖"的传说。另一则说的是"吴日炎上山采药为母亲治病，一时内急，就蹲在草丛里大便，顺手拔了丛草擦屁股，没想到草丛连根带土拔起，下面露出了一瓷埋着的金银"。①又有了"孝心感地，拉屎得金银"的传说。另外还有"斗笠引斗金"、"菩萨指点金和银"等等说法，尽管是些传说，但村人都相信吴日炎一定在无意间得到了大量金银财宝。

当然这种传说也是有一定的历史原因。民间一直流传唐代末年，王审知、黄巢等曾率兵在培田河源峒一带争战；南宋时又有文天祥的部队以及罗天麟、陈积万的农民义军在此活动。在征战中他们曾将聚敛的财宝埋藏在行军途中。上百年来不少人在此寻找这些财宝。而今吴日炎能建造起这样的大屋，人们自然将他和这些宝藏联系起来，于是猜测百出。

---

① 引自：陈日源主编，《培田辉煌的客家庄园》，北京，国际文化出版社，2001。

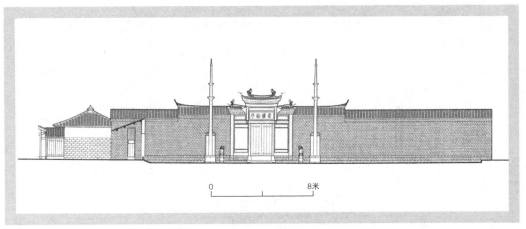

（图1-10）大屋（官厅）一进外立面图

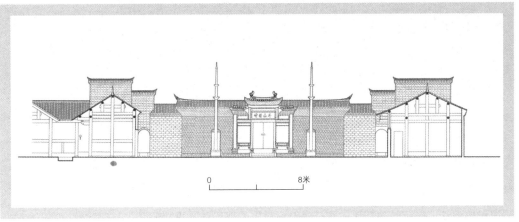

（图1-11）大屋（官厅）二进横剖面图

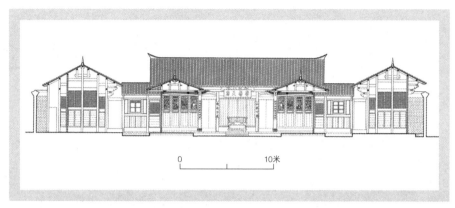

（图1-12）大屋（官厅）三进横剖面图

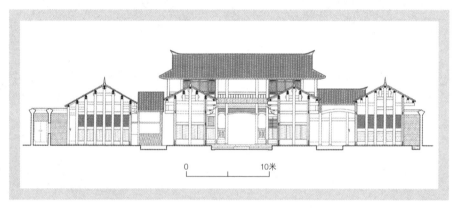

（图1-13）大屋（官厅）后楼横剖面图

　　清中叶以后，汀县连城两地的土山道逐渐铺上石块，山路好走了，往来的官员多了，普通村路便升格为官路。逢农历四、九日的培田义和圩集也日益兴隆，培田村作为汀、连两地的交通枢纽及商贸集散地的地位越显重要起来。凡有汀、连两地府、县来往官员，吴氏家族定要将他们接到村里热情款待歇息。大屋坐西朝东，正位于村东北入村的大路边，客人入村首先看到的就是这座高大气派的宅子，大屋自然成为接待官员最好的地方。村人便将"大屋"呼为"官厅"。

　　大屋（官厅）是"九厅十八井"中轴对称式住宅的典型，但实际上它多达11个厅堂、32个天井和院落，有房近百间，占地6 000多平方米。共有四进房子，从第一进房子前面的外宇坪到最后一进的后楼，进深达70余米，面阔40余米。第一进正房五开间，当心间为大门又称"门楼厅"，前檐砌成牌坊式大门，上刊"业继治平"，左右一对石抱鼓和石狮。门前是10余米宽的"外宇坪"。大门口地面用卵石铺砌成双凤朝阳的图案。外宇坪前是半月形水塘和照墙。村民说，清代时凡骑马的官员到此，马匹就拴在外宇坪。进入大门到第二进之间为"内宇坪"，十分宽阔，面积达360多平方米。凡乘轿的官员，轿子就停放在内宇坪。（图1-14～图1-17）

第二进正房三开间，当心间为二门，称下厅，前檐也做成三楼牌坊式门，门额题有"斗山并峙"大字，门前一对石旗杆，中轴路由卵石砌就甬道。第二进的三间后檐朝向天井全部敞开，不做门窗。

（图1-14）大屋内宇坪用于打场、晒谷、晾衣，旧时停放轿子及摆设宴席等

（图1-15）进士第（务本堂）内宇坪

（图1-16）进士第厅堂花条上摆放着祖先的照片

（图1-17）大屋中厅

第三进正房三开间，当心间称"中厅"，中厅的后金柱位置做樘板，两侧有腋门通向最后一进，两次间称"大屋间"，即卧室。中厅前檐开敞，与第二进的下厅相对，平日这里就作为乡绅们的休闲会馆。

大屋的前三进厅堂均为单层。为取步步高升的吉祥寓意，宅子每一进都要升高一步或几步台阶，到第四进即最后一进是全宅最高处。第四进正房三开间，上下两层，称"后楼"。它底层当心间称"后楼厅"。后楼厅的后檐墙有神橱，供奉先祖牌位，前檐敞开，两次间是大屋间。旧时培田吴氏宗族议事处就曾一度设在这儿的大屋间里。后楼的二层是藏书阁。清代中期吴日炎一房曾利用中厅宽敞明亮的条件开办学塾。据吴来星、吴念民等先生说，藏书阁内收集的历代图书颇丰，有几万册，其中有不少外文书。1950年土地改革时曾毁掉不少，但直到1966年"文化大革命"开始前，还存有两万多册古籍，可惜"文革"浩劫，所有图书都被付之一炬。

在大屋核心部分的四进正房建筑之外侧，是左右"横屋"。其中位于正房第一、第二进之间的内字坪左右的横屋独成一体称为"花厅"。第二进至后楼左右的横屋分成八个独立的小院，相互间有门相通，还有通向住宅外的四个偏门。为防火、防盗，横屋外侧四围砌有青砖墙，墙体十分高，起防火作用，村民俗称它为"火墙背"。在宅子北侧的横屋背后和火墙背之间是宽约2米多的巷道，巷道里有水圳，将村子"中水圳"的水引入院内，妇女们不用出门即可洗衣洗菜，一旦有火情，宅内水圳的水可及时快捷地灭火。

大屋形制十分规整，宅子内外功能清晰，居住长幼有序，男女有别，等级分明，且十分华丽。传说，乾隆二十八年（1763），《四库全书》总撰纪晓岚巡视汀州府时，初闻培田村以"文墨之乡"饮誉汀连，不以为然，当他到了培田大屋，被大屋的宏伟气势所震慑，见到普通小山村的住宅中竟然还有藏书阁时，高兴得连声叫好。足见这座大屋当年的辉煌与不凡。

继述堂坐西面东，正对村东的笔架山。它始建于道光九年（1829），历时11年，至道光二十年（1840）竣工。《吴氏族谱•继述堂记》中载：

它"集十余家之基业，萃十余山之树木，费二三万之巨赀，成百余间之广厦。举先人有志而未逮者成之于一旦"，取《中庸》"夫孝者善继人之志善述人之事"，"言其堂曰'继述'，诚以父继述于祖，子继述于父，孙又当继述于子，子子孙孙无忘继述也。"①

建宅者十八世吴昌同，"字化行，号一亭。从九品，诰封奉直大夫，晋赠昭武大夫。生嘉庆二年（1797）丁巳九月初二丑时，卒同治十二年（1873）癸酉五月二十二日卯时。……咸丰戊午（1858）董理长邑公局，三年失慎，多士荷培。同治甲子（1864）逆陷南阳，调署汀漳龙道，赵均征剿，助军粮百担，蒙奖'急公好义'匾。②"得到朝廷"乐善好施"的旌表，并被诰封为奉直大夫、昭武大夫。为此"继述堂"又称为"大夫第"。

继述堂共四进厅堂，左侧一排横屋，右侧三排横屋。宅内共有18个厅堂，24个天井和院落，108个房间，占地6 900平方米。（图1-18～图1-20）

继述堂中轴正房部分为前后四进，每一进都高一步台阶，寓意步步高升。第一进正房五开间，当心间为"门厅"。牌坊式大门，门额题："三台拱瑞③"。门厅外左右两边原各有一根文龙旌表石柱及一对石狮石鼓。左右次间做杂物房。门前是300多平方米的门前广场，为"外宇坪"，外宇坪再向前是半月形水塘。村路从继述堂外宇坪与半月塘间通过，宇坪边原有围墙，后为便于行人将其拆除。

从门厅到第二进，中间是宽大的"内宇坪"，占地约250多平方米。第二进正房三开间，当心间"下厅"为穿堂。次间前金柱位置为封闭的砖墙，内侧全部向天井敞开，有前廊。逢年过节、婚丧嫁娶时就利用宽大的"内宇坪"摆酒宴，唱堂会。有客人来时，骑马的将马匹拴在外宇坪上，乘轿的则将轿子停在内宇坪上。（图1-21～图1-23）

---

① 引自《培田吴氏宗谱·继述堂记》
② 引自《培田吴氏宗谱·卷三世系》吴昌同条。
③ 三台拱瑞"，三台一说为汉代官职，尚书为中台，御史为宪台，谒者为外台。一说天子有三台，灵台以观天文，时台以观四时施化，囿台以观鸟兽鱼虫。培田村"三台拱瑞"意指住宅前所正对的金印、云霄、笔架三座重叠而起的山。

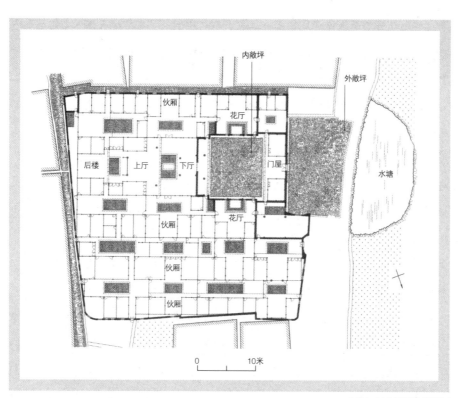

内敞坪

外敞坪

伙厢

花厅

后楼　上厅　下厅

门屋

水塘

伙厢

花厅

伙厢

伙厢

0　　　10米

（图1-18）继述堂平面图

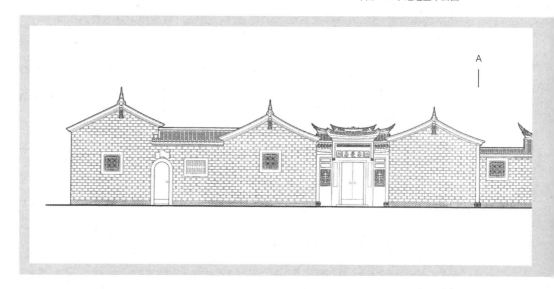

A

（图1-19）继述堂大门

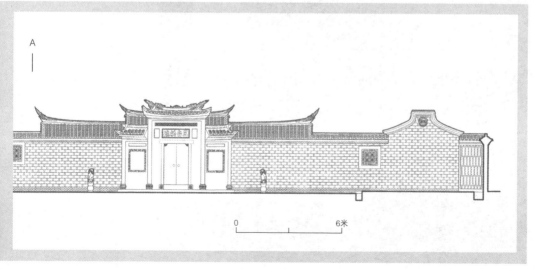

（图1-20）继述堂一进正立面图

（图1-21）继述堂中厅

（图1-22）逢婚丧喜事、过年等都在宅内厅堂里摆席设宴

（图1-23）每逢祖先祭日，住宅的厅堂上都要挂起祖宗像，条案上摆供品祭拜先祖

第三进正房，三开间有前廊，它与第二进的三开间正房相对，与左右厢房共同围合着中间的天井，形成一个完整的小四合院式空间。第三进正房的当心间是"中厅"，面宽接近次间的两倍，前面敞开，后金柱应为木樘板的位置，做成四扇木槅扇，槅扇前放有长条案及八仙桌，左右各放置一把太师椅，在左右侧面靠板墙再各放3把扶手椅。木槅扇两边各有一个小门，称"腋门"，供出入后天井。中厅左右次间是大屋间。平时这个由两厅、两厢组合的院子供宅内的人们休息、娱乐，有客人来时就在这里接待来客。逢年过节或有婚丧嫁娶等盛大活动时，这里是住宅室内重要的活动场所。

第四进正房，三开间，当心间称"上厅"。后墙正中为木制神橱，上供奉祖先牌位，下供奉土地神，前面是香案。上厅两侧次间称后大屋间，每逢有祭祖活动，打开中厅的木槅扇门，上厅、中厅与下厅及两个天井就成为一个连续完整的空间。上厅因供奉祖先牌位，平时人们不得随意进入，两侧后大屋间由横屋侧门出入。

继述堂正房部分的两侧是横屋。左侧一排，右侧有三排。为接待客人方便，也使住宅外观靓丽，朝向内宇坪的横屋，做成三间两厢的花厅小院，有透空的琉璃花墙与内宇坪隔开，墙面还装饰上壁画和浅浮雕，小院里面有鱼池花卉，十分舒适。一侧花厅为客厅，供接待往来客人，另一侧花厅多为长辈居住。（图1-24、图1-25）

其他的横屋各为并排几个三间两厢式小院，它们相对独立，又相互连通。第一排最内侧横屋多为居住使用，第二排的横屋有卧室，更多的是储藏、厨房等，第三排横屋除了储藏，还用作仓库、工房、猪栏、鸡舍等。

继述堂很大，为便于人们出入，避免建筑内部太多的穿行和干扰，除了正门外，宅子两边横屋还有9个侧门。既解决了宅子交通，又使庭院空间有了分隔，既照顾到礼仪要求，又满足了平时居家过日子的方便。遇有盗匪或火警还便于及时疏散。

（图1-24）继述堂花厅照墙

（图1-25）横屋小厅

三·住宅主要部分的组成与使用

培田的住宅规模较大，但主要部分的组成及使用基本相同，只是规模的大小不同而已。

■ **内、外宇坪**

大门内外面积较大的场地被称"宇坪"。大门前的场地叫外宇坪，不论大宅小宅都很重视。外宇坪地面十分讲究，用河卵石铺砌，大多还在大门前铺成招财的古老钱纹样，也有铺砌象征吉祥的双凤朝阳的图案，如大屋；也有铺砌成梅花鹿，即谐音"禄"的图案。大门内的内宇坪与天井不同，天井主要满足住宅的通风、采光，宽大的宇坪要解决大住宅内的公共活动、农业生产、日常生活的需求。

宅主出门，马匹就备在外宇坪，轿子则备在内宇坪里。客人来了，在外宇坪下马，女客在内宇坪下轿。培田人爱吃各种干菜，平常人们就在内宇坪用笸箩晾菜干，如萝卜干、霉干菜、笋干、红薯干，晾晒自制的淀粉、挂面，用竹竿搭架子晒衣服等。秋收时，内宇坪铺上竹席，晾晒稻谷，打场、脱粒，如果内宇坪地方不够，还可在外宇坪上铺上竹席进行，因此老百姓又俗称"宇坪"为"谷坪"。但晾晒衣服、被褥通常只在内宇坪。外宇坪是住宅的门面，要整齐、干净、庄重。每逢年节、祭祖或红白喜事、祝寿等，总是要族人参与，大户人家会在家里大宴宾客，内宇坪就是最好的宴会场地。有时还会请来十番锣鼓乐队唱堂会，或请戏班子来家演戏，第二进正房通常作演戏台，内宇坪就是最好的观众席。据说，继述堂吴昌同的媳妇当年过60大寿，就在继述堂内宇坪上摆了120桌酒席，请了戏班子，一连演了3天戏，连附近村落的人都来看戏，场面宏大，气派而热闹。（图1-26、图1-27）

（图1-26）大屋（官厅）为九厅十八井式建筑，这是大屋的外宇坪

（图1-27）大屋（官厅）内宇坪

■ 中 厅

　　一般小住宅如锁头屋和四点金，没有中厅，只有前后三进以上的宅子才有中厅，位于第二进的中堂的明间。据连城县新泉镇杨家坊的杨仁生[①]老先生讲：

　　一幢大宅等级的好坏，最能体现的就是中厅。中厅结构特别，有前廊、有卷棚等，最能体现等级。结构上大多都要做"假栋"，十分复杂。木工的精细度从中厅大梁上就能体现。整个住宅最难做的也就是中厅，一栋大宅中厅做好后，工匠就可以喘口气了。

　　由于中厅通常建造等级较高，雕梁画栋，次间，即"大屋间"前檐大多做成与之相称的四扇雕花窗，有的还沥粉贴金。为避免破坏花饰的完整性，不少大屋间特地从侧面开门，使大屋间的花窗形成完整的装饰面衬托出中厅的华贵和气派。

中厅是住宅的公共活动厅堂。通常正房当心间的中厅与下厅隔天井相对，下厅三开间及左右厢间全部向天井敞开。中厅两次间为大屋间，前金柱位置做雕花槅扇窗。中厅前檐敞开，与下厅、天井、两厢共同组成"十"字形空间。中厅后檐是木槢板，槢板左右是通向后天井和上堂的"腋门"。每逢祭祖，中厅四扇木槢板及左右腋门全部打开与上厅形成一个相通的空间。上厅地方小，仅容辈分高的家族成员，其他大多数家族成员均在"十"字形的中厅及两厢空间内。济美堂的中堂槢联："飨亲巨典经遵礼；格祖清音雅叶诗。"飨亲和格祖，便是中厅所起的作用。

为显示家族的严肃性，凡家庭议事和处理各种问题都在中厅进行[2]，如兄弟分家、建新房、红白喜事、年节活动的筹备等。

在有中堂的住宅内，为表示家族的真诚和尊重，凡重要活动中邀请的重要客人，都请中厅上坐，其他人在下厅或两厢内，因此中厅也称"客厅"。逢重大活动有宴请时，中厅只限家中长辈和重要客人入席。平时人们休闲、娱乐，教孩子们读书都在下厅、中厅和两厢内，不进后堂。每逢在中厅举行活动，下厅与中厅围合的天井地面全部用槢板铺架好，与中厅地面平齐，这样中厅、下厅即可连为一个完整的空间使用。

---

① 杨仁生先生是连城县新泉镇杨家坊北村人，1924年生，为杨家坊大木匠世家。杨仁生的堂叔即是当年培田"双灼堂"的建造者。
② 一些小宅只有上下厅，家庭议事和处理各种问题就在上厅进行。

■ 上 厅

住宅的中堂之后就是上堂。上堂有两种格局，一为单层的，当心间称"上厅"。一为上下两层的后楼，则底层当心间称"上厅"或"后楼厅"，祭奉先祖。底层两次间为大屋间。上层作藏书阁或储藏之用。

凡有中堂的住宅，上堂左右厢房多为两开间。上厅前檐开敞不设门窗。上厅内后檐墙正中设神橱。神橱分上下两部分，上供祖先神主牌，下供土地神，有的还在神橱的右侧供杨公仙师的神牌。神橱前是香案桌，靠上厅两侧壁各放一条长凳。后堂的上厅一般只供高、曾、祖、祢四氏，因此神橱都不很大，却雕饰得十分细巧，色彩也十分华丽，在色彩单一朴素的上厅中格外抢眼，也更神圣和肃穆。

在只有上下两堂的小住宅，如四点金、两进式住宅，厢房多数敞开，上厅既祭祖又兼日常待客及活动场所。

住宅的上厅在经过几代之后，有些改为先祖的专祠，有的为房祠。

（图1-28～图1-33）

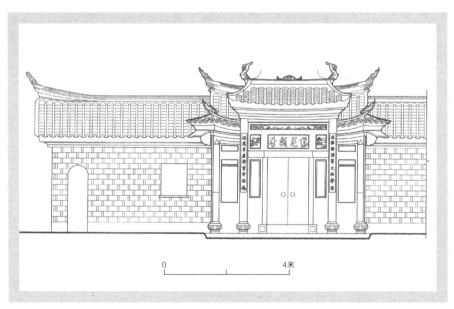

0   4米

（图1-28）敦朴堂大门立面

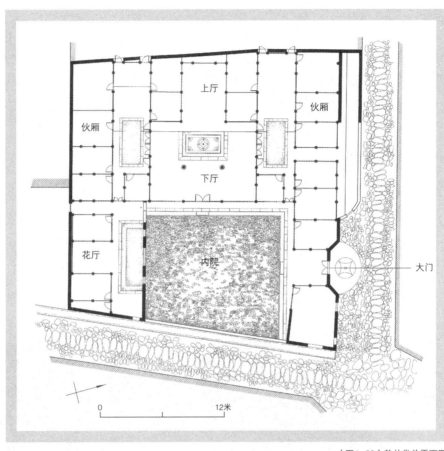

上厅

伙厢

伙厢

下厅

花厅

内院

大门

0　　　　　　　　12米

（图1-29）敦朴堂总平面图

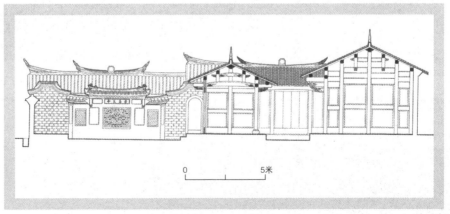

0　　　　　5米

（图1-30）敦朴堂纵剖面图

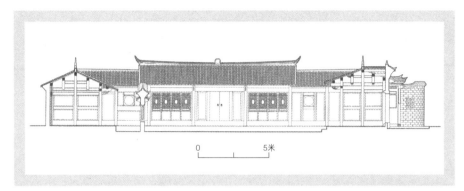

（图1-31）敦朴堂一进横剖面图

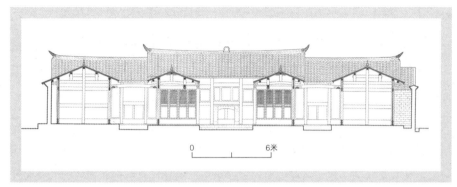

0   6米

（图1-32）敦朴堂二进横剖面图

（图1-33）敦朴堂前院花厅

■ 天　井

　　天井主要功能之一是解决住宅采光通风问题。大住宅房间多，居住密度大，如继述堂右侧为三排横屋，相互距离较近，有了一个个小天井，基本解决了住宅通风采光问题。

　　天井主要功能之二是用于排水。水在风水术中被视为"财"的象征，由于四面屋顶雨水泻向天井，"四水归堂"，聚财，因此天井具有重要的风水意义。在住宅，尤其是大宅子建造之前，要先进行水道的设计，将纵向和横向的天井通过地平高差联系起来，使水能顺利排出住宅流进大门前的水塘，再通过水塘排入大田或溪流。

■ 大屋间

　　中堂、上堂左右次间均称为"大屋间"。它们虽是卧室，但不是普通意义上的卧室，因为横屋内的卧室，才是宅子中的主要住房，这几个大屋间既可做卧室又是财产和名分的象征。

　　宅子初建时，大屋间由家中高辈分的老人住，待儿子长大成家时，按照左大屋间高于右大屋间的等级来安排。通常长子分在中堂左大屋间，次子在右大屋间，三子分在上厅堂大屋间，四子分右大屋间。老人有条件的通常住到厢房的花厅内，没有条件的就住普通的厢房里。儿子多房间不够分时，大屋间通常分成前后两间，原有两间的大屋间可分成四间，有四间大屋间的就分成了八间。这样每个儿子就有了大宅中属于自己的房子。一般不待到老屋住满儿子就会另造新屋，搬出去住，老屋的大屋间就不再住人而空置起来，成为这一支子孙人人有份的共有财产。没有经济条件的子孙大都住在老宅左右横屋，即厢房内。上辈分到的大屋间就相当于后代儿孙的厅房（礼仪空间），如这一支族人中有过世者，在弥留之际就要将其送至属自己所有的大屋间内，子孙到场围在周边为其送终。从人咽气到出殡之前，入殓后的棺木一直放在大屋间内，灵堂就设在住宅的中厅。那些规模小的住宅，如果人去世后家中无法停放棺木的，就到家族的房派祠中设灵堂。

■ 花 厅

花厅位于内宇坪左右，也称客厅，为横屋的一部分。花厅的装修，大木雕饰以及墙饰等可算是美轮美奂、玲珑别致。花厅与下堂正房、中堂正房共同围合着内宇坪，平日来了普通客人，一般都让到左侧或右侧花厅内招待，既不妨碍住宅内人们的正常生活起居，又方便来客不受干扰。由于花厅面朝内宇坪，进入住宅左右即是花厅，为显示家族的实力和气派，花厅建造得很讲究。清代以前建造的花厅，分隔花厅与内宇坪的照墙中间砌有一块透空砖墙或灰塑为装饰，墙头作瓦面，并采用中间高，左右低的分段迭落形式。清代以后花厅照墙中常用瓦或绿色琉璃做成透空的花墙，周围粉刷白墙，亮丽而富有装饰效果。

花厅通常为三开间，与两厢围合一小天井，左右两侧有厢房。当心间是敞开的小厅，左右是卧室。小天井里通常有水池，养一些观赏鱼，有的还在水池中种些莲荷，在池边造花台，摆各种花卉。照墙上还绘有水墨画，题十分清雅的对联，如继述堂住宅左花厅题："花露澹笔秋夜月；茶烟轻扬午晴风。"横披为："兰室生香"。右花厅题："明月清风无人不有；抚琴作赋自足以娱。"道出了花厅内的舒适闲在和住宿之外的其他功能。（图1-34、图1-35）

（图1-34）敦朴堂花厅前的花墙

　　花厅在大宅之中相对独立，通风采光都好，建筑精致，居住舒适，因此成为老年人颐养天年之所。培田人很重视自身修养，活到老学到老，一些老人利用花厅的有利条件，读书绘画，吟诗作赋，既满足了他们养老休闲的需要，又满足了他们的精神需求。如双灼堂花厅照壁内侧题有："鱼跃鸢飞皆妙道；水流花放尽文章。"横披为："兰馨桂馥"。这正是他们生活情趣的真实写照。

（图1-35）敦朴堂出入横屋的小门

■ 横 屋

住宅中轴线上的厅堂两侧，平行于厅堂纵轴线方向排列的房子为横屋。横屋有单层也有上下两层的。横屋也有等级之分，通常最靠近中央部分的横屋等级最高，建造质量最好，越靠外侧的横屋等级越低。一列横屋可分为三至四组相对独立的小院，等级较高的横屋每组院子都由小厅、卧室、厨房、杂物房等组成，供一户人家生活所用。等级较低的横屋通常只作为厨房、储藏或专门畜养马匹之用。为使整个住宅四面房屋形成向心的动势，左右横屋由内向外一排高于一排，为了防御需要，最外侧横屋或做很小的砖窗，或不做后檐窗。（图1-36）

（图1-36）主体建筑外的附属建筑，如厕所、猪圈、杂房等多为夯土建筑

■ 茅厕和牲口圈

通常茅厕和牛棚、猪圈、鸡舍等不建在住宅内，但牲畜又不能放养，《培田吴氏宗谱·族规十条》中规定："乡内六畜务宜雇人看守，不准滥放。违者处罚。至于盗窃者加倍处罚。"因此六畜棚圈都建在住宅区周边靠近农田的地方，也要看风水，一是不碍本住宅的平安吉利，二是有利于牲畜的生长繁衍。

培田有民谣："前怕栏，后怕坑。"栏指的是猪圈、牛栏、鸡鸭舍等。即住宅前建猪圈、牛栏、鸡鸭舍等不吉利，只能造在宅子的左右和后面，要依据风水术来定方位，如猪，五行中属木，猪圈就要朝向东方才好。牛食草，牛栏门要朝向草木茂盛的山冈。

坑指的是茅厕。风水上讲：住宅后面建茅厕不吉利。因此茅厕大都建在住宅的左侧或右侧，用大缸埋入地下来储粪，缸上铺上木板，搭起草棚。茅厕在宅外，住宅内的老人孩子妇女们十分不便，于是家家户户都使用便桶，适时倒入茅厕的粪缸。

四·花园式住宅

　　培田村住宅平面形制变化十分丰富，有可住几辈人的大宅子，也有满足小家庭和特殊要求的宅子。吴氏家族人多从十几岁外出经商，经商子弟多南来北往,见多识广,当他们见到那些清新幽雅、秀丽别致的别墅和园林建筑时，便在家乡有意仿效。而恰恰培田又是林泉佳地，风光悠然，于是一些富裕的，具有一定文化品位的，尤其是一些经商归来赋闲在家的乡绅们，便在大住宅之外另行建起一处处别有情趣的花园别墅来。这类小别墅占地通常不大，但种竹养花，营造出一派园林式环境，既是书斋画室，又是居所苑囿；既可陶冶性情，又可颐养天年。这里没有大宅中的琐事杂务，俗事频频；却有清风明月，闲趣悠悠，吴氏族谱中留下了不少士绅们在花园别墅中生活的诗文。如吴梦庚曾自建有一座小别院，内有一泓小池，四周种满竹子，称为"竹园"。他平时独居于此，读书作画、吟诗作赋，以风月为伴，以竹木为友。他在《伏天即事》诗中写道：

　　　　　才过夏至伏当初，酷热频侵懒看书。

　　　　　偶步园中风入袖，始知无竹不堪居。

　　在《春日有感》诗中写道：

　　　　　连绵细雨一春深，只有园林惬素心。

　　　　　载酒花前珍重赏，毋忘一刻值千金。

这些诗反映出他追求的恬淡高雅的生活情趣和生活方式，即使没有钱心里也安稳。

这种所谓小别墅式住宅，通常规模不大，建筑为锁头屋或四点金式，但有较大的院落，建造灵活，且很别致。1930年代以前培田村有六七处这样的小园林住宅，如在南坑口内、卧虎山半山上的"清正轩"，它依山而建，凭借卧虎山的自然景观选景布局，在宅院中处处是秀丽的风光。此宅何年始建不详。据村人说建筑只有三开间，是专门用来避暑的，环境十分幽静，距小院不远还建有一座八角草亭，夏季酷暑时村人常到亭内乘凉闲话。即使在一些大宅院，如民国年间由吴华年所建造的都阃府大宅中，为尽量将有限的空间点缀得风雅些，庭院里摆上花卉。就连"绳武楼"作为义仓的横屋也在上下两层的楼上做美人靠，大门小门的对联更是诗情画意。如大门联："松间明月当庭照；冈上清风入户来。"小门联："安闲方享山林趣；定静何知世界忙。"现在培田村保留有独立的小花园别墅式特征的住宅仅存两处。一处为修竹楼（竹雪园），一处为雪寓（小洞天）。

■ 修竹楼（竹雪园）

位于村落西部卧虎山脚下，初为十世祖乐菴公的"竹雪园"，培田吴氏宗谱《乐菴公行略》中载："太高祖讳钦道，字在敬，乐菴其别号也。"乐菴公"晓天文谙地理，以祖堂左畔空旷，作绳武楼为翼卫，雅爱竹，后山左园皆植之，当暑辄枕簟其下，因取坡仙'苍雪纷纷落夏簟'之句，名其园曰竹雪园。"[①]即后来的"修竹楼"。它背后是出入村子的村西路，修竹楼坐西朝东，为四合院式，夯土建筑的两层小楼，门额上题有"修竹楼"三字。以后吴梦庚去世，"竹雪园"成为吴氏家族的休闲娱乐场所。人们便呼"竹雪园"为"修竹楼"。（图1-37、图1-38）

---

① 引自《培田吴氏族谱·汝清命名记·乐菴公行略》。

（图1-37）
花园式住宅修竹楼

（图1-38）花厅院

修竹楼一层正面五开间，中间为小厅，次间用作粮仓，倒座五开间，其中当心间为大门，左侧两次间为上二楼的楼梯，右次间现为粮仓[①]，左右厢各一间，敞开不设门窗，中间围合的是天井。二层楼上与一层的布局相同，但前檐柱与前金柱之间为一圈跑马廊。在前檐柱间有一圈美人靠坐凳。倒座和正厅当心间均敞开，左右次间在前金柱位置设雕花槅扇门。右侧即北侧厢间敞开，据村人讲，吴梦庚当年于此读书写诗自娱自乐，年节时还请小戏班来唱堂会，二楼厢间就作为演戏的小戏台，乐队就在戏台左右。南侧厢间就是宅主人观戏之所。有时还邀同好者一起，东西正房成为观众席。清代末年，修竹楼平时是吴氏家族的休闲娱乐场所，逢年节演戏时，培田的清音戏班子就在此排演练唱。

修竹楼前面是一个狭长的院落，东西长约40余米，南北长约十几米，其中水塘占据了院落约3/4的面积，其余空地基本上植满竹木花草，整个园子显得澄澈明净，绿意葱茏。闲暇之时可泛舟游玩，园中还可领略四季变化丰富的景色，吴梦庚曾有《秋夜玩月》诗写道：“明蟾满满一庭秋，正为今宵乘兴游。妙绝风光宜领取，过时无复此清幽。”实在是惬意无比。

院门在修竹楼南侧，为月洞门，两侧题有 “非关避暑才修竹；岂为藏书始建楼”的对联，吴梦庚最初建这座住宅的本意是作为藏书楼，但幽雅宁静的环境，高雅脱俗的氛围，使这座建筑成为兼有多种功能的园林别墅式住宅。可惜修竹楼周边环境已遭毁坏，水塘在1980年代被填平，盖上了猪圈。竹木砍伐殆尽，连月洞门都将要倒塌，好在修竹楼本身还保存完好，多少能让人感受到一些昔日的风雅。

---

① 乐菴公在竹园居住时，此建筑如何使用，现无文字记载，也无人知晓。

■ 雪寓（小洞天）

　　"雪寓"位于培田村东北侧，紧靠吴纯熙所建大屋（官厅），据说建于清代中期，是吴纯熙某一后代闲居之所。它由一栋三开间建筑和半亩院落组成。三开间屋坐北朝南，中间厅堂为穿堂，南面大门正对街巷，北面是院落。在对着院落的一面，向前伸出一个小厦子，三面敞开，前檐有美人靠，十分别致（现美人靠损坏，仅留下部分横枋）。西侧即右次间存放杂物兼厨房，与当心间相通。东侧即左次间不与当心间相通，而门做成月洞门，开在右次间的山墙面，两侧开小窗，月洞门门额上题有"小洞天"三字，两边对联为："半亩花影云生地；贰枕泾声月在天"。进到屋里，厅上悬挂着一块大匾，上写着"雪寓"两个大字。看到这"小洞天"，再看到"雪寓"的匾额，仿佛感受到了当年宅主超凡脱俗的生活情趣和气质。

　　后院原来是个花园，养着各种奇花异草，还有些名贵的药材。这使人想到吴氏宗谱中大量咏花的诗文，如吴大年的《菊榭》诗写道：

　　　　菊届三秋正可人，开从霜后倍精神。

　　　　金英采采迎佳节，玉蕊芬芬谢俗尘。

　　　　茂赛松筠称寿客，雅宜兰蕙结芳邻。

　　　　抬杯相赏传陶令，也笑秋光胜似春。

　　另有《夹竹桃》《月月红》《杏花》《金钱花》等诗，也许都与"雪寓"、"小洞天"这类住宅有着一定的联系。雪寓的花园现在已经改为菜地。

五·木构架及装饰

　　培田村主要的住宅和宗祠建筑的装修和装饰，从大木构架、小木门窗装修、门楼的建造及院落地面铺设都很细致，尽量在有限的条件下把它做得更好，充分体现主人的意愿和情趣。装饰题材广泛灵活，内涵深厚，而且艺术与技术都十分精巧，颇具地域特色。这些装饰题材多取自民间，以动物、植物、器物、几何纹样及戏曲场面为主，有些还饰以彩绘，使建筑格外富丽堂皇，气派不凡。

■　大木装饰

　　培田村四周大山林木资源丰富，几百年来这里建房大都采用传统的木结构体系，木柱、木梁枋、木板壁。夯土墙、石墙和青砖墙大多只起围护作用。

　　建筑中轴部分的厅房多为三开间，是整幢建筑的核心部位，等级最高，是最能体现家族实力和文化品位的地方，因此不论建筑规模大小，厅堂都建造得格外讲究。厅堂有上、中、下之分，中厅装饰最精，明间又是装饰雕饰等级最高，两侧次之。（图1-39～图1-42）

（图1-39）大木工匠在画线凿榫口

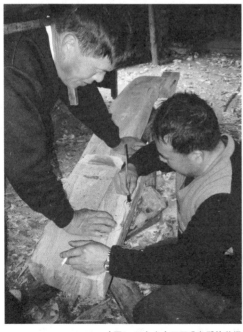

（图1-40）大木工匠准备雕饰花梁

（图1-41）住宅内雕花大梁

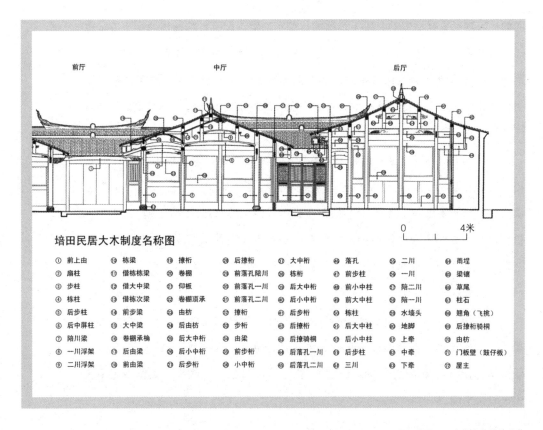

前厅　　　　　中厅　　　　　后厅

培田民居大木制度名称图

① 前上由	⑩ 栋梁	⑲ 撩桁	㉘ 后撩桁	㊲ 大中桁	⑲ 落孔	⑤ 二川	㉔ 雨埕
② 扇柱	⑪ 借栋栋梁	⑳ 卷棚	㉙ 前落孔陪川	栋梁	⑰ 前步柱	一川	梁镶
③ 步柱	⑫ 借大中梁	㉑ 仰板	㉚ 前落孔一川	后大中桁	前小中柱	陪二川	草尾
④ 栋柱	⑬ 借栋次梁	㉒ 卷棚顶承	㉛ 前落孔二川	后小中桁	前大中柱	陪一川	柱石
⑤ 后步柱	⑭ 前步梁	㉓ 由枋	㉜ 撩桁	后步桁	栋柱	水墙头	翘角（飞挑）
⑥ 后中屏柱	⑮ 大中梁	㉔ 后由枋	㉝ 步桁	后撩桁	后大中柱	地脚	后撩桁骑桐
⑦ 陪川梁	⑯ 卷棚承桷	㉕ 后大中桁	㉞ 由梁	后撩桁骑桐	后小中柱	上牵	由枋
⑧ 一川浮架	⑰ 后由梁	㉖ 后小中桁	㉟ 前步桁	后落孔一川	后步桁	中牵	门板壁（鼓仔板）
⑨ 二川浮架	⑱ 前由梁	㉗ 后步桁	小中桁	后落孔二川	后步桁	下牵	屋主
				三川			

（图1-42）住宅构件名称图

　　三开间的厅堂共有四榀屋架，中间两榀称中榀，通常采用抬梁式，两山称边榀，为穿斗式。大木构架的柱子、梁枋用材都较大且规整。中厅进深较大，在前檐柱与前金柱间多做卷棚轩。上厅作为祭厅，十分朴素，中榀梁架，也以穿斗式为多。抬梁式的大梁为月梁，穿斗式的构架不做梁，而采用密排的"穿"（当地也称"川"），在距地面1.5米左右开始做木墙裙到"地脚"。

　　上、下两堂或下、中两堂的前檐枋和它们两厢的前檐枋（当地称浮梁或前上由）都做成月梁。月梁两端有一组雕饰纹样，有卷草或卷草龙；有花卉纹样的，如喜鹊闹梅、松竹梅石、花开富贵；有用各种动物组成的浮雕图案，如三羊，寓意"三阳开泰"；群猪，为"诸事顺意"；鱼，"年年有余"；狮子，"双狮戏珠"；还有"龙凤呈祥"和人物戏曲场面的。人物形象鲜活生动。为了与前檐枋细密的雕饰配套，前檐枋两端下方的梁托也雕饰着各种精美的图案。由于前檐枋的雕饰集中在两端，中部没有雕饰，因此匠人往往有意从梁或枋两端细密的雕饰图案中再浅刻出两条卷草形的叶脉，俗称"草尾"，来装饰梁或枋的，使它在保证结构功能的同时，不显呆板，还展现了月梁的饱满生动和优美流畅的曲线。

厅堂边榀的穿斗式结构，用料都小于中榀。"穿"本身没有雕饰，只在檩子与柱子结合处，有用来稳定檩子的承托构件"栋架头"，并在"穿"的端头进行简单的雕饰。穿斗架的构图和比例以及装饰都很漂亮，透空处为白色粉壁，与木架颜色形成鲜明的对比。有些建筑为加大色彩的反差，还特意将穿（川）、木裙板、地脚的边沿涂上一道褐色或黑色的条带，穿斗架本身就成了一种非常好的装饰图案。

大木构架上另一个重点装饰的地方是中厅前檐廊的卷棚轩，轩顶由弧形的椽子一根根排列，檐廊的梁架镶嵌一组花卉、宝瓶、人物或动物图案的花板，既起结构作用，又是重要的装饰构建。由于位于前檐，光线亮，装饰效果很突出，异常华丽。

直接承托檐檩的构件，即挑檐梁，下面通常有一个雕刻精美的花托，它也是大木构架装饰的重点。另外在穿斗式屋架中，起横向拉接作用的构件称为"牵"，它有上、中、下三个构件，通常在中牵和下牵两构件上做一定的雕刻装饰，它采用素木色，与白粉墙相衬格外漂亮。木构建筑最怕失火，因此挑檐梁的花托和"牵"的装饰构件多雕成卷草龙、鳌鱼或龙头鱼尾的形象，也有直接雕成鱼龙口吐莲花，象征呼风唤雨。也有"龙凤呈祥"图案，非常精彩。

横屋比厅房建筑等级低，高度也略低。大木梁架大都采用穿斗式架构，只有少数横屋花厅的厅房采用抬梁式，但用材和雕饰都很少。有些储藏用的横屋完全是草架，梁柱常有七歪八拐的，十分简陋。

■ 小木装修雕饰

培田建筑装饰中的门窗等小木装修十分精彩，不仅华丽、雕刻和工艺高超，还通过戏曲故事蕴含的文化教育内涵，寓教化于其中。

小木装修雕饰的位置主要集中在厅房的槅扇门、槅扇窗，有的太师壁（当地称天子壁）也进行装饰。在两进式的房子中，左右厢如有装修则门窗也有雕饰，等级较厅堂略低，通常为步步锦式，或在步步锦中间作一个主题雕饰。横屋及花厅内的门窗大多为最简单的步步锦式或直棂窗。

门窗槅扇的题材最为丰富，有草木植物、花鸟鱼虫、钟鼓鼎彝、文房四宝、鹿狮百牲、八仙法器、山水亭阁、人物故事、文字图案，等等。许多槅扇雕饰最初还饰有鲜艳的彩色，有的还沥粉贴金，更显得华丽富贵，辉煌无比。

下面就以济美堂和如松堂两幢建筑的雕饰分布和特色进行说明。

济美堂：建于清末，是吴昌同生前建造的七座华堂之一。吴昌同出身清贫，17岁学理财，走遍大江南北，后来自己持家营业，在两湖开钱庄，汀州办油行，潮汕、福州经营纸业，赚了大钱，捐万金于福州建起宣河试馆，以方便乡人到省府应试。回乡后为颐养天年建宅称济美堂，取《左传·文公十八年》"世济其美，不陨其名"之意，一是显示自己的成功，一是鼓励子孙在前人的基础上继续发扬光大。这幢宅子做工精细，建造质量很高，是整个培田村雕刻最多、保存最好的一座。上厅、中厅、下厅各有八扇雕饰华丽的窗扇，而中厅太师壁上的4块槅扇是培田村仅有的保留下来的三层透雕，十分珍贵。（图1-43～图1-50）

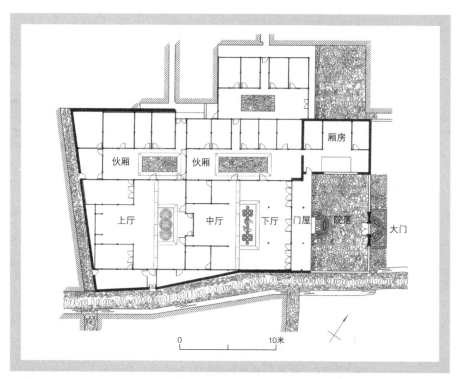

厢房

伙厢　伙厢

上厅　　中厅　　下厅　门屋　院落　大门

0　　　　　　　　10米

（图1-43）济美堂总平面图

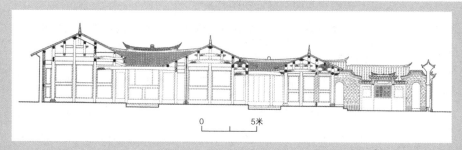

0　　　5米

（图1-44）济美堂纵剖面图

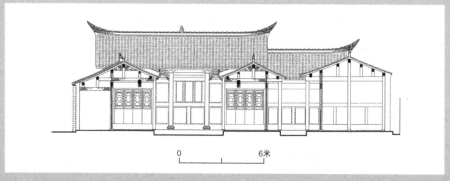

0　　　6米

（图1-45）济美堂二进横剖面图

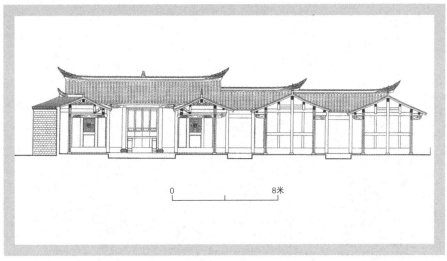

（图1-46）济美堂三进横剖面

0   8米

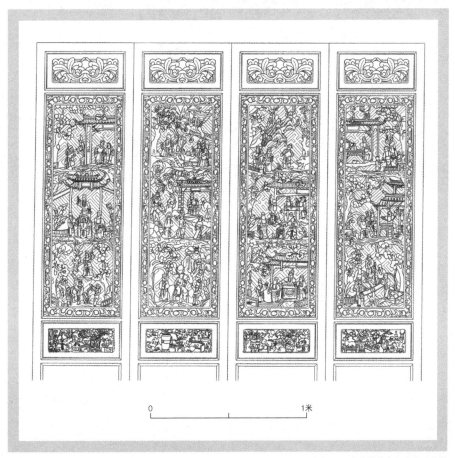

0   1米

（图1-47）济美堂中厅太师壁大样

0　　　　　　　　　　1米

（图1-48）济美堂下厅右侧厢房槅扇大样

0　　　　　　　　　　1米

（图1-49）济美堂下厅左侧厢房槅扇大样

济美堂为前后三进带前院的住宅，走进院落首先见到的是雕饰繁复华丽的下厅槅扇门，有格心、天头、束腰及裙板。天头为浅浮雕花卉；束腰为博古器物，也采用浅浮雕。格心是槅扇工艺的重点，由透空的卷草纹图案组成，每根卷草纹头上都异化成一个龙头纹样，中间是卷草纹构成的大字，左次间四扇为："孝悌忠信"，左次间四扇为："礼义廉耻"。为了使字形不混在纹饰中，特将字涂饰成淡淡的蓝色，十分醒目。这一排槅扇组成的大面积的雕饰，艺术效果强烈，更体现了以程朱理学教育后人的良苦用心。在下厅次间做连排槅扇门的房子在培田还有很多，如敦朴堂、进士第、宏公祠、久公祠、衡公祠、厥后堂、工房住宅等，其中厥后堂的花槅扇上刻"孝悌忠信"，久公祠格心上为"龙光射斗"，衡公祠为"福禄寿喜"。有的是卷草纹图案，如敦朴堂、进士第、宏公祠。

济美堂中厅装饰十分讲究，中厅太师壁做成镂空的雕花槅扇，工艺精美，雕饰繁复，色彩醒目，是三层镂空透雕。镏金太师壁正面由四块槅扇组成，有天头、格心和束腰，格心雕的是一段段戏曲场景，人物造型生动，场面有大有小，有动有静，空间有高有低，有近有远；人物有男有女，有老有少，有文有武，有耕有读。内容如此多的雕饰在一起，却层次分明，并不混乱。背面四块槅扇上面刻有八副条幅，即："公之刚方戆直如长孺；公之举案齐眉如伯鸾"、"公之三徙成名如陶朱；公之让产分甘如薛包"、"公之指囷济饷如子敬；公之尊贤育土如燕山"、"公之彩舞四贵如石奋；公之颔点不尽如汾阳"。长孺指性格刚直的汉朝御史大夫韩安国；伯鸾指备受后人推崇夫妻相敬如宾的梁鸿；子敬是三国东吴厚道慷慨的大将鲁肃；薛包是东汉侍中，著名的孝子；陶朱是春秋时越王勾践的谋臣、后来成为富商的范蠡；燕山是五代时后周以重教举贤扬名天下的谏议大夫窦禹钧；汉景帝时代的人石奋，他和四个儿子都官至二千石，被称为"万石君"①；汾阳指平定安史之乱的郭子仪。这八副联既是吴昌同的自勉，又是对吴昌同的旌表，更是吴昌同为后代子孙树立的人生榜样和楷模。②

　　太师壁的四槅扇虽然雕饰繁密，但整体效果十分完整。为了突出格心，天头板统一做成简单的浅雕饰卷草，格心板的仔框还涂上一道窄窄的红边，束腰板为器物和博古纹样。一般为避免从中厅直接看到后厅，太师壁都是素木实板壁不作装饰，济美堂中厅虽是透空雕饰，但因有三层雕饰，每一层又十分细密，不但看不到后厅，还增加了中厅及后厅的华丽程度。正如"继述堂"厅堂联所描绘的是"一室太和真富贵；满堂春色大荣华"的气象。

　　中厅两侧次间大屋间的前窗是重点装饰部位，通常大屋间在前檐开门，与槅扇窗共同组成厅堂立面的装饰。济美堂的大屋间门开在前檐，作一窗一门，槅扇采用步步锦。

　　后厅是祭厅，厅的左右次间也称大屋间，每间四扇槅扇窗，格心以步步锦衬底，格子中间为花卉、动物等图案。格心下的束腰板雕有十二生肖，十分生动。

类似这种做法的住宅在培田很多，只是雕饰内容不同。

横屋内的装饰等级是建筑中最低的，窗格子通常均为步步锦式，有些槅扇在天头或束腰上略加修饰，如浅刻琴棋书画，表现对文化的崇尚和追求，梅、兰、竹、菊表现人的志行高洁，蝙蝠谐音"福"，鹿谐音"禄"，戟谐音"吉"，花瓶代表平安，牡丹代表富贵等。所含的意义是教化、吉祥、言志，寄托着农业社会中乡村百姓最朴素的价值观。（图1-51～图1-61）

（图1-51）济美堂梁架

① 吴昌同与石奋相同，也有4个儿子，登科及第或五品或三品。
② 引自：陈日源主编，《培田辉煌的客家庄园》，北京，国际文化出版社，2001。

（图1-52）住宅前檐雕饰

（图1-53）济美堂卷棚轩花梁

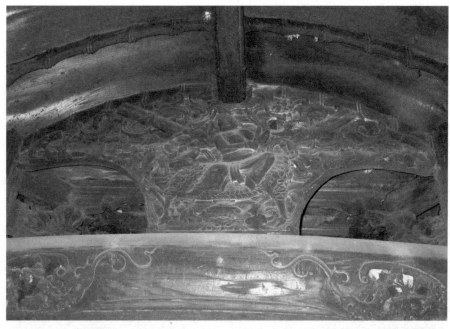

（图1-54）住宅卷棚轩花梁

（图1-55）梁托雕饰

（图1-56）进士第梁托雕饰

（图1-57）正脊及屋主

（图1-58）继述堂山墙避邪的吞头

（图1-59）继述堂寿字花窗

（图1-60）住宅万字窗　　　　　　　　　　　　（图1-61）住宅喜字窗

如松堂：建于20世纪20年代晚期，为前后两进带前院的中型住宅，上下两厅，四合院式，外门楼的门楣上曾悬挂"大夫第"金匾，可惜匾在"文化大革命"时被毁。下厅有前廊，明间为大门，次间作四扇木槅扇门。上厅两次间各作四扇木槅扇窗，采用竹节式竖向窗棱，窗扇天头以卷草为主，束腰为素板无图案。太师壁为素木板，没有装饰雕刻。

横屋内的窗扇使用步步锦图案。如松堂的小木装修比起济美堂要简单得多，但配上大木构件上的装饰依旧十分华丽。

培田村锁头屋、八间头等小型住宅内的小木装修更简洁，通常大屋间的窗饰以直棱窗或步步锦为主，多为方形支摘窗。稍讲究点的在步步锦中央镶入用花卉或人物为主题的开光雕饰。

贰 南靖石桥村方圆楼①
CHINESE VERNACULAR HOUSE

在南靖县西部书洋乡一个清流如带，绿树如烟，山环水绕，十分安谧的高山溪谷畔，有一个鲜为人知的小村，这里居住着明代中期迁居来的张姓客家人。他们在这片蛇蟒盘结，虎豹出没，瘴疬弥野，"蛮獠"和少数族群争斗不断的土地上，以他们的聪明才智，勤劳耐苦，生存了下来，并且繁衍生息。他们营建起一幢幢方楼、圆楼及长方形的家族性集体住宅，创造了一个适于人们生产生活的美好家园。

张姓始迁祖来石桥定居之前，这里已经有罗、林、严、程、薛、陈等几姓人家，他们散居在谷地内的冈坡林莽之中，人口不多，没有形成村落的格局。传说这几姓大都来自北方，其中薛姓是从山西洪洞县迁来，程姓则是湖南的移民。那时石桥一带地广人稀，各家自耕自食，过着自给自足和睦相处的生活。

明代初年，居住在广东潮州府大埔县的张念三郎，被生计所迫，孤身一人以打铁糊口，四处漂泊，寻找能落脚的地方。明英宗正统八年(1443)，张念三郎来到了南靖县的石桥，寄住在陈五十郎的家中，为这里的农户打制农具。小铁匠忠厚勤奋为人正直，时间一长便得到陈五十郎的喜欢和信任。陈五十郎家境不错，有女无子，有心招小铁匠为一上门女婿，便了解他的家世，原来小铁匠是个名门望族之后。

---

① 本文根据李秋香著《闽西客家古村落——培田村》（"中国乡土建筑"丛书，北京，清华大学出版社，2008）有关章节改写而成。

清光绪《清河张氏族谱》①载：汉代张氏先祖张良嫡孙张子典任清河郡太守，遂以"清河"为堂号。此后张氏郡望便都称"清河"。西汉末年北方战乱，张氏族人南迁，一路到过徽州、浙江、江西、广东、福建等处。家族不断分支，一部分陆续沿途择地定居下来。有一支定居在广东潮州府大埔县小青田心乡的鹤子山庄，成为客家民系的一部分。到了明代，张念三郎就出生在那里。

　　陈五十郎了解了张念三郎的情况后，就将女儿许配给了小铁匠。明正德年间，陈五十郎病逝，张念三郎挑起了发展家业、繁衍后代的重担，在石桥站稳脚跟。经过后代子孙们的共同创业，张氏成为石桥村大姓，张念三郎公被奉为石桥村张姓开基祖。（图2-1~图2-3）

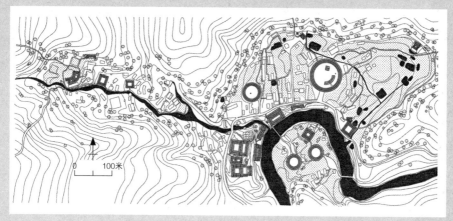

（图2-1）南靖县书洋乡石桥村总平面

① 《清河张氏族谱·望前大高溪派谱》系清光绪末年编修。此谱为残谱，已不知准确的编谱年代。

（图2-2）石桥村长方楼

（图2-3）村落建筑景观

一·家族性集体住宅的形制

　　石桥村的建筑特点是，全村主要由十几座独立的家族性集体住宅楼组成，有长方形楼、方楼和圆楼几种。在一个小盆地内，有几种楼形交错地建在一起，不但村落景观丰富，且楼形变化发展的脉络也十分清晰。

　　闽南的方形、圆形的家族性集体住宅楼早已闻名世界，尤其是圆楼。南靖的方楼和圆楼主要集中在书洋、梅林两乡。据统计，书洋乡有方楼240座，圆楼104座。梅林乡有方楼的97座，圆楼的53座。而南靖县9个乡的方楼总计458座，圆楼的总计230座。书洋和梅林两乡占全县家族性集体住宅楼总数的2/3以上，书洋一乡占全县总数的一半。

　　为什么会有如此多的方形、圆形及长方形家族性集体住宅呢？

　　首先，最初建造方形和圆形的集体住宅目的，是为了满足一个家族共居的要求。无论闽南人还是客家人，都曾经历了漫长的迁徙。他们能历经艰难，从北方到达南方，最后在闽南一带安居下来，靠的是家族的集体力量，因此家族的内聚力很强，形成了传统。他们要在新的居住地发展仍然要靠家族的力量，于是就采用了方楼、圆楼这种家族性的集体住宅形式，以维持甚至加强家族的内聚力。但各户的经济独立，异财分灶。为了家族的发展，楼房大都建得规模较大。例如石桥村清初所建的方形永安楼，初建时张氏家族不足十口人，但楼建成上下四层，64间房，就是为以后大家族发展做准备。又如昭德楼，曾住大家族200多人。1927年建的圆形顺裕楼，虽然不是为一个家族建造的，但沿袭传统，上下四层，共有288间，是南靖县最大的圆楼，最多时居住人口达900多。

其次，这些楼都有坚固的防御性，犹如堡垒。闽南一带山高林密，为防盗匪、猛兽，也为了防民系之间和村落之间频繁发生争斗，家族性的集体住宅不得不有很强的防御性，因此闽南一带不论方楼还是圆楼大都是厚筑高墙，封闭内向，外部很少开窗，多为一个大门出入，只有大型楼房，居住的人多，才开两个或三个门，并在大门上设置严密的防御措施。有一些圆楼或方楼，顶层向外加设环廊，便于打击来犯的敌人。楼内院中都有水井，可以长期坚守待援。

家族性集体住宅，无论方的还是圆的，都有一个共同的特点，即全部采用标准间，按梁架分间，规格大小相同。它们环绕着一个内院，形成一圈。一般为四层，上下垂直的四间分配给一户。底层做厨房、餐厅，有些大宅，每个厨房内都有水井，有些则在大院里有公用水井，二层做谷仓，三层住人，四层为杂物贮存间，也可住人。住宅单元的组织又可分为两大类，一类是通廊式，即每一层沿内院设一圈公共走廊。全宅有三四个公共楼梯，各户人家，从厨房上楼到卧室，也要走公共走廊绕过去。另一类是单元式，即上下四间为一个独立的单元，有自己内部的小楼梯。厨房前还有一个天井。每个单元有左右隔墙。宅中央仍有公共大院落。通廊式的集体住宅在永定县及南靖县书洋乡一带十分普遍，少数圆形楼还做成两环、三环，内外环或楼层同高，或外环高内环低。集体住宅的中央大院里还建一座祖堂，大的为小三合院式，小的只有一间，围合起院墙。石桥村和附近村落没有单元式的，它多在南靖县以南的平和县，以北的华安等县。华安县仙都乡的二宜楼是最典型的独立单元式，由四层的外环楼和单层的内环楼共同组成。每一户在外环有上下四间，内环有前后两间。两个环楼之间是小天井。各单元之间用墙完全隔断，互不相通，单元内有自家使用的楼梯。中央仍有公共的大院。

关于这种家族性集体住宅，即圆楼、方楼形制的起源，各研究者有不同说法。可惜都嫌证据不足。我们认为，它的起源可能和唐代陈元光把所辖大军58姓全部在漳州地区解甲为民有关系。陈元光军队落籍的地区，正是后来家族性集体住宅流行的地区。大军落籍，第一是带来了军营式的建筑观念，对外防御，内部一律标准化、统一化。第二是带来了一些中原地区的建筑影响，因为部队是从中原来的。如家庙的形制是中原式样。但内圈出挑的木结构走廊，则可能是当地干栏式吊脚楼的遗风。石桥村的集体住宅在张氏二十几代的繁衍过程中，规模从小到大，从少到多，从封闭的方楼到半开敞的长方楼，又到圆楼，每个发展阶段都深深地烙上了那个时期的社会、经济、文化、人口等多方面因素的烙印。

■ 方形家族性集体住宅

石桥村张氏开基祖张念三郎，明英宗(1443-1450)时在东山脚下建立了最早的方楼"昌楼"，由于当时人口少，经济条件差，更重要的是要有栖身之地，昌楼建得很小，从现存基址看仅有10米左右见方。[①]听村中人描述，昌楼为两层，内部空间如九宫格划分，正中一格为天井，四面是围合的八个房间，其中朝东中轴线上的一间为大门。平时楼内昏暗潮湿，仅靠一个不大的天井和白天敞开的大门采光通风，居住条件十分恶劣。昌楼建在山坡上，就地取材，利用石块垒筑厚约50厘米的墙体，对外无窗子，十分封闭，完全是一座居住的堡垒。可以想见，作为客家人的张念三郎[②]初到石桥村时，社会纷乱动荡，人烟稀少，野兽出没，自己又势单力薄，为防御自保，采用这种形制的建筑是很自然的。

四世祖宗华公时，家族人口增多，经济好于第一代，在溪背垟建起大型住宅永安楼，为了安全，依旧采用了对外封闭，对内开敞的方形家族性集体住宅形制。外墙全部夯土，内部为木结构。这种形制不但十分符合当时客家人要求聚族而居、共同对外的心理，也符合当时家族的经济实力不强，不能同时建许多住宅居住的实际情况，还满足了防御功能第一位的要求。到了第十代至第十三代，石桥长篮、洪坑坝又陆续建造了八九幢这样的方楼，平面形制一样，只是楼的大小及开间多少不同。这些住宅的外墙都采用下部为蛮石、上部为夯土的墙体，内部采用木结构。

永安楼是典型的方楼，坐南朝北，大门正对三团溪，有前横腰带水，后靠笔架山的上佳风水。可惜地势较低，夏季常受溪水泛滥之苦，鉴于这个经验，石桥后建的楼都选择在地段较高、又不远离水源的地方。（图2-4～图2-8）

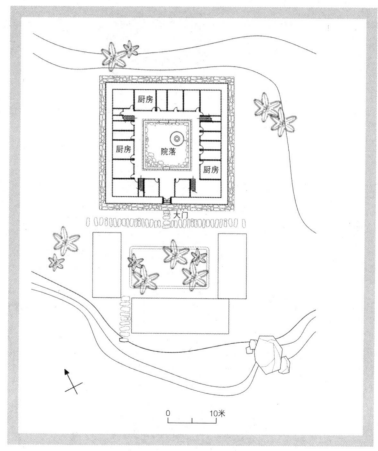

（图2-4）
永安楼一层平面

①　20世纪50年代昌楼尚存，现已毁，遗址残墙可见。
②　张念三郎在石桥定居的大概时间为1443－1450年，以25年为一代计算，第四代约为16世纪中叶。

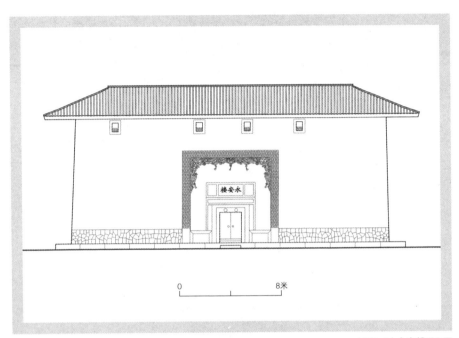

（图2-5）永安楼正立面

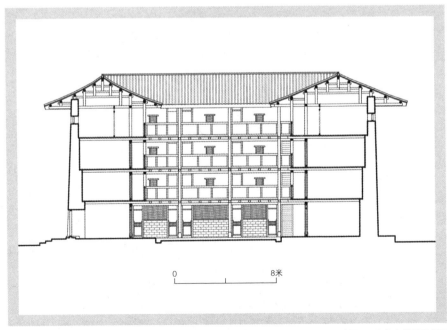

（图2-6）永安楼朝南剖面

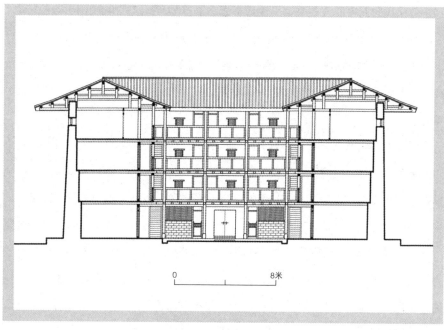

（图2-7）永安楼朝北剖面

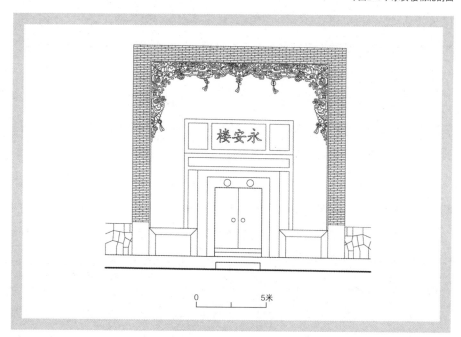

（图2-8）永安楼外门装饰大样

方楼比起北方四合院来，平面形制要简单得多，即沿四方形围墙向内建房，周围不断。中间留出院落。房间大多数大小和形式一律，均朝向院落。二层以上做出挑的整圈木回廊。永安楼比昌楼大，最大的方楼住宅是长篮片的"长篮楼"，平面28米见方，上下四层，共118间。它不但功能上更合理适用，造型也更考究了。

通常方楼住宅仍有正房、厢房和倒座房。倒座房的当心间为大门门厅，两个侧面是厢房。它们的规模无一定之规，开间多少据当时的经济和人口而定。如规模最大的长篮楼，正房及倒座均为9间，厢房各5间，四层。永安楼及昭德楼，正房及倒座均为五开间，角是个黑房间，面对院落露明的只有三个开间。永安楼厢房3间，昭德楼厢房5间。洪坑坝上的迎旭楼、兆德楼等，正房均为5间，厢房也各为5间。通常正房次间压缩而当心间扩大，敞开不设门窗，为祖堂，供奉建造本楼的开基祖的牌位，每年祖先生日、忌日全楼成人都要聚集祭奠。在石桥村附近，如河坑村的绳庆楼，在方楼中间的院落内再建一座小四合院，做专门的祖堂。到民国以后，石桥村所建的集体住宅因为打破了小房派界限，插花居住，不能在祖堂祭本房派先祖，便改为设堂供奉观音和土地。这些小房派子孙每年到东山祠祭奠祖先。

厢房的所有开间均等宽，比正房的略小。永安楼的厢房进深较小，给正房两端稍间让出开门位置。昭德楼则将正房底层正中的祖堂向前凸出约2米，卷棚式屋顶，像个小抱厦。昭德楼还加高正房的底层，以致二层以上的回廊，从厢房到正房需要上两三步台阶，并且正房屋顶高于厢房屋顶，形成迭落。这些做法都使正房比较突出。

方楼住宅内通常有四座楼梯，位于楼的转角处。但昭德楼就只建三个楼梯，一个在大门一侧，另两个楼梯在正房接厢房的转角处。楼梯一般宽达1.5米左右，为的是担粮上楼便利。

方楼一般为四层，也有三层的和一半四层一半三层的。如永安楼、长篮楼为四层；耀南楼、德源楼和望前村的恒星楼均为三层；"昭德楼"正房四层，厢房和倒座房为三层。从第二层起均做出挑走廊，每层走廊都可以连通成内环廊。除少数楼的正房、厢房及倒座房开间略有不同外，走在回廊上，同样的木质色泽、同样的门窗做法，很难区别位置和方向。待后来圆楼建成，这种均等的、规格化的做法更加强化了。

张氏十三代以前所建的方楼，住的都是同一小房派的族人。尽管房间的主次没有大的区别，但遵从家族制度，仍要按照辈分的高低来分配。这主要指初次入住时，有高辈分老人的家庭，一般住正房上下四间，无高辈分老人的家庭，住两厢上下四间，待儿子们成婚，女儿们出嫁，人口有了变化之后，再重新分配住房。如果楼内房子空余，每个儿子都可分到一组住房，如果老楼内没有空余，子孙们分房之后，有经济实力的会另建新房搬出去。而经济实力不强的，或人丁不旺的子孙，则只好一代又一代地住在拥挤的老楼里。年深日久，最初的分配方式被打乱，插花居住，共享厨房，以至杂物间也住人。石桥人把这种居住方式杂乱的楼称为"梅花间"。据石桥老人讲，洪坑坝上的迎旭楼、德源楼都曾是梅花间。据张乡希[①]说，1940年代前后，常有生活困难、过不下去的人家卖房子。德源楼有一户将自家的两间卖给别人，每间房才得到200斤番薯。永安楼内共64间房间，除去厅堂、大门、底楼厨房、二层谷仓外，能够住人的房间也就有30间，但曾居住不同辈分的30户人家。可以想象当时居住的拥挤程度。

为防潮，底层厨房均为夯土地面。为排水、渗水有利，中央的公共院落用河卵石铺砌。院落里挖有水井，人们日常吃水、洗涮都在院内，十分方便。

内部建筑都是木结构，木柱、木梁、木楼板，厨房内又常常堆满柴火，住宅极易发生火灾。永安楼就曾失过火，因扑救及时才未酿成大祸。老人们说，洪坑坝德源楼，由于紧靠洪坑溪，用水非常方便，而且房基为岩石，就没在院内凿

---

① 1950年生，从小长在石桥村，当过兵，有文化，对石桥的历史很感兴趣，知道的事情很多。

井。小的火情发生了几次之后，为防患于未然，楼上四角各放了几个大木桶，将屋面雨水引流入桶，以备救火。后来真的起了大火，这几桶水太少了，甚至连便桶的尿都用上了，火还是没有扑灭，德源楼就这样成了一堆废墟。因火灾焚毁的楼还有顺源楼及一座现在已不知其名的楼。

方楼建筑外墙墙体都很厚，一方面因为都是承重墙，而且用夯土，另一方面为防御兵匪祸乱。楼的一二层不开窗。大门是唯一出入口，门扇十分厚重，约有10～20厘米厚，外面包铁皮，背面设重重门闩和门杠。楼的二层正房与厢房转角处角房的上方都有瞭望孔和射击孔。晚期的住宅，为了美观，大门框以外四周夯土墙面还做泥塑彩绘。（图2-9～图2-18）

（图2-9）昭德楼内香火堂

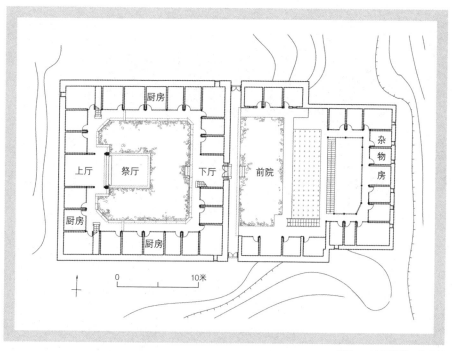

（图2-10）昭德楼一层平面

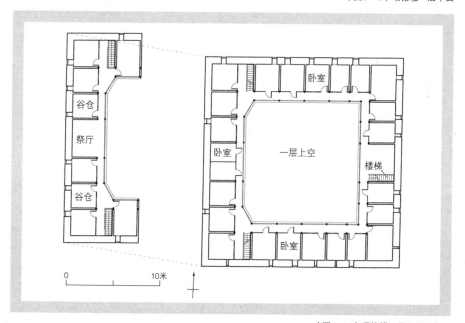

（图2-11）昭德楼二层及顶层平面

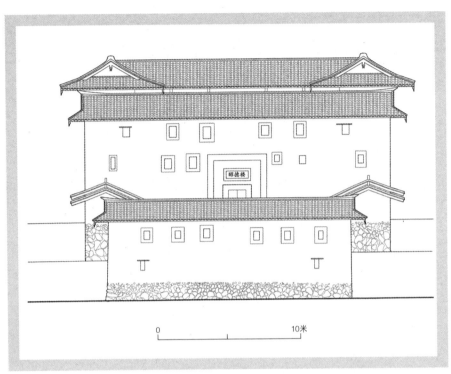

（图2-12）昭德楼正立面

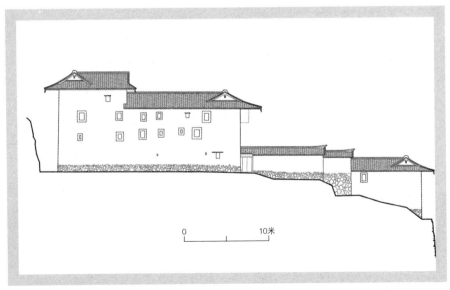

（图2-13）昭德楼侧立面

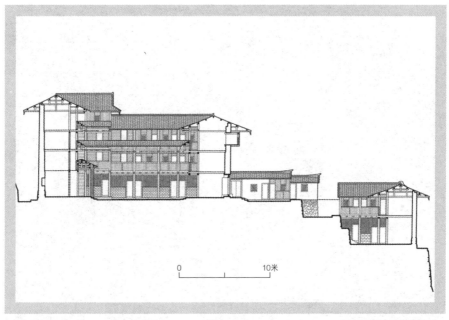

（图2-14）昭德楼纵剖面

（图2-15）昭德楼外面

（图2-16）方楼内部

（图2-17）方楼最高为四层，此为转角房

（图2-18）大型土楼外面常建小庙作为福祉

　　大门门厅往来人多，是楼内人们交流信息、休闲和生活的重要场所。货郎担下乡，也都歇在这门厅里。门厅通常一边放一块石条或木凳，供人们休息谈天甚至开家族会使用，另一边放一架脚踏的石臼，这是家族共有的财产，每家每户都用它舂米、捣年糕。

　　小农经济，家家需要一些辅助房间，集体住宅内不能满足，便在楼外建造一座前院，两侧及正对大门一面建房，围成一个三合院。前院占地面积与住宅楼所占相差不多。前院的房子有单层的，如永安楼；也有两层的，如昭德楼、长篮楼等。房子进深都小于楼内的房间，房间数并不与楼内户数相等。如为两层，下层大多敞开不分隔，供楼内住户公用。上层有的分间，有的不分间，有的一户一间，有的两三户合用一间。一层多养牛、家禽及作茅厕；二层存放农具和柴草等。清末时，子望公的后代利用振德楼宽敞的前院，在二层制造烟丝，而一层依旧养牛存草。但人口过多时，前院二层也住人。听老人们说，昭德楼、长篮楼两楼住户在未分房派前，许多人都住在前院内。永安楼利用前院的空地打场，昭德楼、长篮楼、耀南楼的场坪在住宅楼与前院之间。场坪左右有墙，常各建一个小门。白天小门打开，晚间关闭。

永安楼因建在河滩上，楼和前院在同一个地平上，而其他的楼为避水患，又要保证不占用珍贵的垟田，便建在山坡上，因此，像昭德楼、长篮楼等，前院位置低，楼的位置高，高低错落，造型很丰富。

一些楼因地形破碎，不宜建造前院，如长篮片的生楼，辅助院就建在楼的后边，洪坑坝上的耀南楼，辅助院就在侧面。

■ 外向的长方形家族性集体住宅

在建造封闭的、防御性的方楼的同时，在长篮沿河的陡坎间由张氏第十三代子谦公几兄弟建起了外向的长方楼。它与方楼相似，却又有不同。石桥的张氏第十代靠农业及各项手工业并举，经济繁荣，人口增长。此时长篮和昭德两座老楼里人口过多，村民说，两楼最多时均住200多人，连作为牲畜房及杂务院的前院也住满了人，居住条件十分恶劣。

于是，张氏家族第二次分房分派之后，子谦、子望兄弟便在三团溪西岸的长篮下，一溜儿建起四座楼，即长源楼、逢源楼、振德楼和被称为"十间房"的楼。为了鼓励子孙读书上进，逢源楼的一部分作为子弟读书之所。子伦则在洪坑坝上建了形状不规则的向月楼和向日楼。这批住宅沿河建造，放弃了原方形住宅的形制，而且成为一种外向性的建筑。不再像方楼那样外面封闭。

建筑形制出现这样的突变，大致有以下几个原因：其一，风水因素。石桥人很重视风水，从始迁祖张念三郎公起，每一座房子在建造之前，都要请地理师看地形，选择一个能使子孙发达的地方，因为子孙众多才能抵御来自人类和自然界的侵扰。长篮前有腰带水流过，后有银山岽为靠山，是块风水福地，相信能使后代子孙人丁兴旺。其二，张氏第十三世正值清代前期，经济发展，社会相对稳定。石桥人从事竹木贸易和手工业发了家，便有了改变居住拥挤、潮湿、昏暗的现状，享受舒适生活的强烈要求。但为长远打算，这几个楼仍然采用集体式标准间形制，后来也就成了集体住宅。其三，由于长篮下地形破碎，不可能再像以前那样建造大型方楼和前院。只能因地制宜，建造适应狭小地段的住宅。同时，陡坎坡高，敌人来犯不易，防御性可以降低，于是外向性的、半开敞的长方楼住宅便应运而生。（图2-19～图2-26）

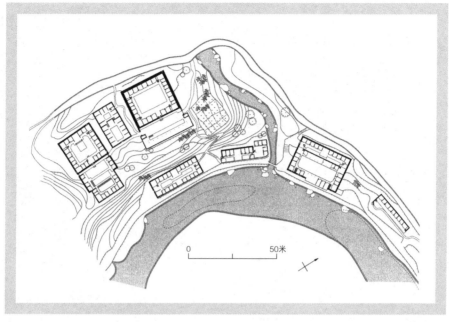

（图1-19）长篮片住宅底层平面

（图1-20）长篮片住宅沿河立面之一

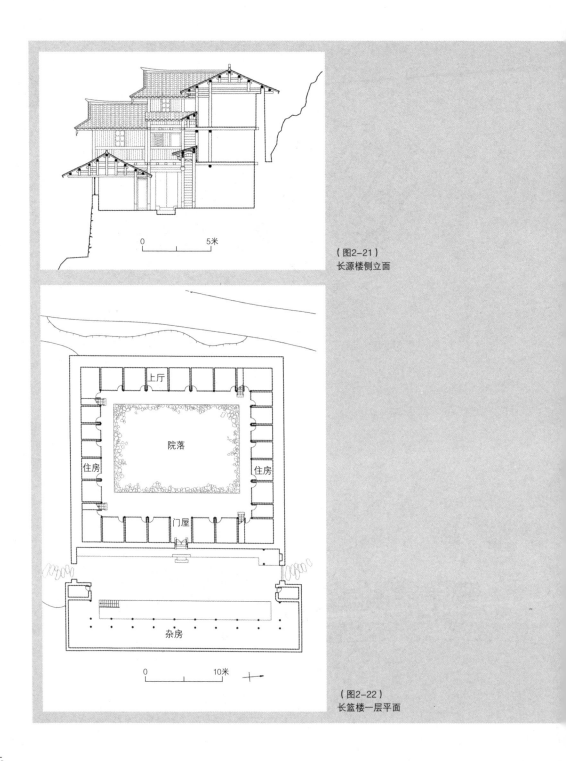

0　　　　5米

（图2-21）
长源楼侧立面

上厅

院落

住房　　　住房

门屋

0　　　　10米

杂房

（图2-22）
长篮楼一层平面

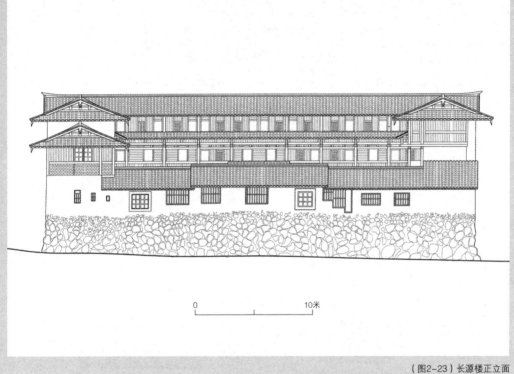

0　　　　　　　10米

（图2-23）长源楼正立面

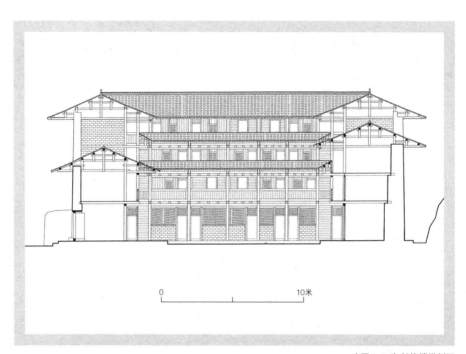

0   10米

（图2-24）长篮楼纵剖面

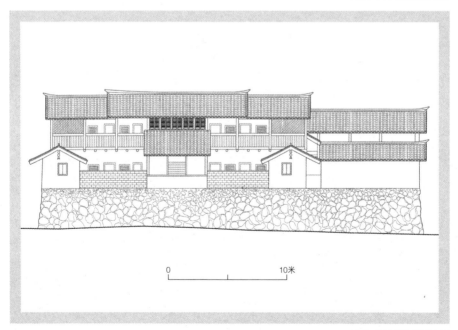

0   10米

（图2-25）逢源楼正立面

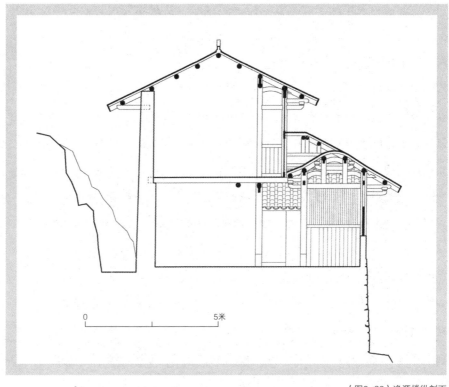

（图2-26）逢源楼纵剖面

长方楼的平面形制比较自由，如长源楼，是一座典型的长方楼。由于地形很陡，先是从河床起建一道长46米、高5.2米的蛮石挡土墙，再用蛮石填出大约长46米、宽14米的房基。楼坐西朝东，面河而建。建筑本身长36米，宽12米，正房与倒座均为11间，包括尽端的转角房间。由于地段逼窄，厢房只剩一间，内院成一窄长的天井。正房为三层楼，两边厢房为两层，屋顶形成迭落。倒座房临溪，因为在填起的地基上，怕承载能力不够，所以只造单层。南侧的厢房底层为大门兼楼梯道，另一侧在厢房与转角房之间又开一个小门，也有一座楼梯。两厢房的门相互错开。正房的底层，当心间是祖堂，又称"上厅"，向前凸出，进深大于左右次间，全部敞开。倒座每间进深略小，且外向均开有木窗，可凭窗临溪，观赏远山近水，听溪声鸟鸣。倒座的当心间称"下厅"，作为客厅兼餐厅。

长源楼内底层除了有祖堂、厨房、客厅、储藏间外，其他作为卧室。二层出挑敞廊，但只通正房和两厢三面，三层只有正房，也出挑前檐廊，一部分做仓库及杂物房，剩下的为卧室，由于临溪的倒座只有一层，正房二、三层又有外廊，视野开阔，比起方楼来大大改善了房间的采光、通风条件，居住更加舒适。它前低后高，顺乎自然，又有大量轻快的木结构，如外廊、门窗、高低错落的屋檐，全部展现出来，体形和光影的变化十分丰富，既开敞又灵活，洋溢着一种活泼明朗的生活气息。木质结构与粗大蛮石形成强烈的对比，又有力，又洒脱。（图2-27）

长源楼北侧有逢源楼，它是子谦、子望两兄弟为子弟读书而建的，一直都做学堂，兼住管理人。平面与长源楼大致相同，但规模小。正房七开间，厢房1间，三面围合建楼。临溪一面只建矮女儿墙，非常开敞。同期建造在洪坑坝上的步云斋学堂的形制与逢源楼完全一样，前面的女儿墙做成透空花墙，更加轻巧。步云斋建在高坡上，与四周封闭的方楼对比十分强烈。从逢源楼沿溪再向北是振德楼，这里地段较宽，顺应地势建成上下院，下院在上院之前，比上院低。上院正房11间，厢房1间。为使用方便，上下院各有一门出入。下院为杂物院，厢房共四间。上院正房最高，三层，为突出正房及中轴，底层明间的祖厅最高，左右层高逐间降低，因此屋顶分五段，从中央向两侧逐段迭落。左右次间屋顶降低30厘米，到左右转角房间再降低30厘米。厢房顺地势高差，上院厢房高，下院厢房低，倒座只有两层，屋面再次降低，因此长方形的振德楼屋面层层迭落。临溪倒座，底层养大牲口和存放杂物，墙体下部由溪底起用大蛮石垒砌，上部夯土，并向外有横向长窗。二层有6间是书斋，前面做木廊出挑，廊柱间做活动的木窗，白天打开，书斋十分豁亮。（图2-28～图2-35）

这批长方形住宅和学堂并没有失去防御性能。它们背后和两侧都做十分封闭牢固的夯土墙，对外不开窗，左右各开一个门。前面十分开敞，是因为临溪，天然险峻，从溪岸底到开敞的一层大约有十五六米高，足以防范匪盗。

　　石桥村在这个时期也许真的很安定，沿溪还建有两幢"一"字形的单排楼，也是家族性集体住宅，没有院落，不造围墙。九开间的楼屋上下两层，完全敞开。

　　这一批长方楼不但形制自由，讲究居住的舒适性，在建造技术、建造质量上也有了很大的提高，这促使人们突发奇想，在洪坑坝上建起了一座平面奇特的"日月楼"，它形状宛如牛角，俗称"牛角楼"。

（图2-27）临溪的长源楼

（图2-28）振德楼东立面

（图2-29）方形楼对外开敞，十分舒适

（图2-30）方形楼的屋檐错落丰富

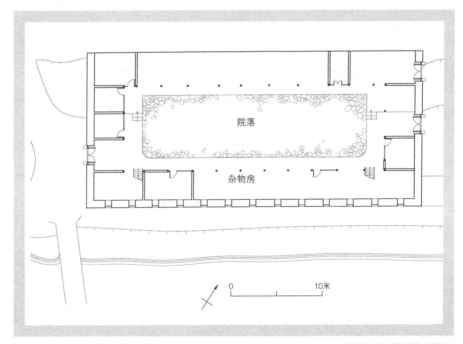

院落

杂物房

0　　　　　　　10米

（图2-31）振德楼一层平面

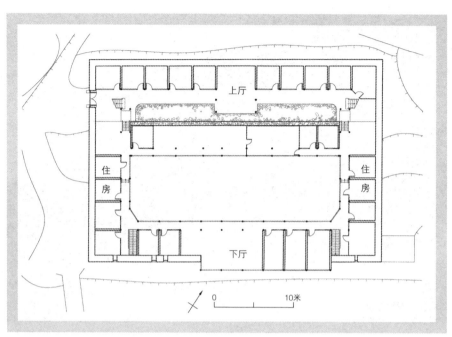

上厅

住房

住房

下厅

0　　　　　10米

（图2-32）振德楼二层平面

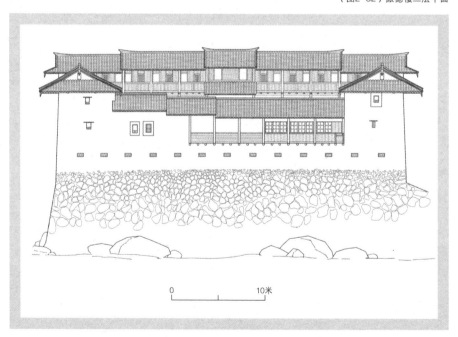

0　　　　　10米

（图2-33）振德楼东立面

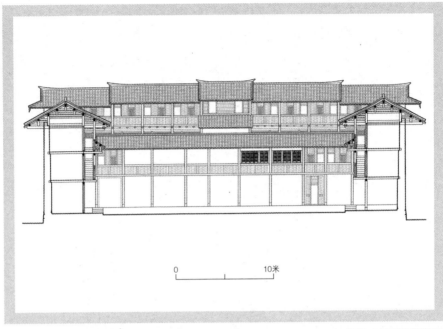

（图2-34）振德楼横剖面

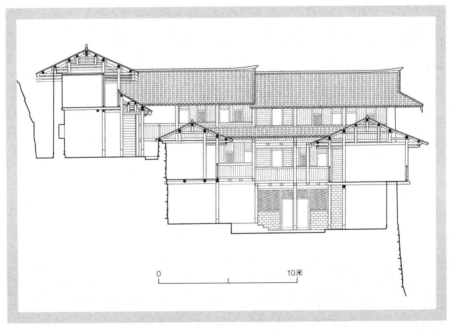

（图2-35）昭德楼纵剖面

　　十世祖文题公在洪坑坝建了家族集体的迎旭楼后，到第十三代时楼内人口增多，居住拥挤不堪，便决定分房。此时文题公次子子伦公正从事木材、山货买卖，经济上很有实力，就决定自己独家建楼。新楼位置在迎旭楼下10米，风水师看过地形，建议为辅佐坡上的迎旭楼，新楼应该建成牛角形才能揽住风水。于是子伦公请来了工匠，精心设计计算，建成外表为一座楼，实为两幢从中间分隔的紧密连接的半月形小楼。东侧的一座近似方形，坐西向东，大门东开，每天这里最先见到太阳，称"向日楼"。另一座近似长方形，偏在西南，成半月形，大门朝西，是月亮下山的方向，称为"向月楼"。人们就合称它们为"日月楼"。据村民传说，这楼能准确地把握春分、秋分的时间，每年春分那天，站在向日楼的祖厅前，太阳恰好正对大门升起，秋分时月亮又恰好正对向月楼的大门落下。①

　　日月楼为两个院落，布局与其他长方形住宅类似，内设祖厅，院落中有水井。两楼之间有小门相通。楼为上下两层，月楼朝南正对洪坑溪的一面，二楼6间，木构均挑出底层外墙50厘米，木板壁、木窗，还有一些伸出供晾晒用的木杆架，和溪边的景致相配，显得舒适而有灵气，成为洪坑坝上的一景，干栏式建筑的遗风可以分明见到。（图2-36～图2-38）

---

① 其实春分和秋分两天太阳出没的方位是一样的，月亮的下落方位与秋分节气没有一定关系。这是乡人误传。

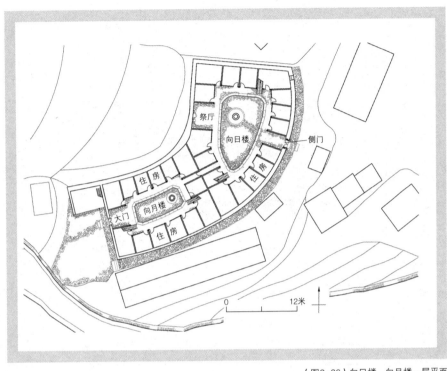

祭厅

向日楼

侧门

住房

住房

大门

向月楼

住房

0　　　　　　12米

（图2-36）向日楼、向月楼一层平面

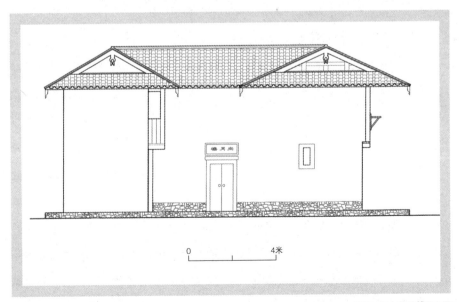

0　　　　　4米

（图2-37）向月楼正立面

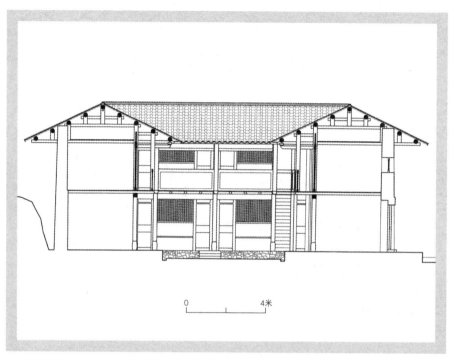

（图2-38）向月楼纵剖面

0   4米

■ 圆形家族性集体住宅

石桥村张氏的第十代至第十三代，是村落建设大发展时期，村子的整体格局就是在这时形成。那时虽然外界动乱不断，但石桥这小山谷中却一直很安逸，伐薪耕种，采竹造纸，杂姓聚居和睦相处，基本上没有受到外来的侵扰。也没有少数民族与汉人的争斗。也许正是这个原因，才使得石桥村堡垒式的方楼住宅，慢慢地转化为开敞外向的长方楼住宅。正当这种趋势继续走向成熟时，石桥村的建筑却因遇到了兵燹之灾而改变了它的发展方向。

清末太平天国农民战争爆发，农民军在南靖活动十分频繁，到处烧杀抢掠。石桥村一带山高谷深成为农民军的转战之地。据《南靖县志》载："同治四年春，太平军康王汪海洋率兵数万人进入南靖，驻守梅林、长教、书洋、奎垟、山城、靖城、尚寨、草坂等地。"石桥村一带多次受到洗劫。清光绪《望前大高溪

派谱·父自叙》载:

予,字正珠,乳(名)美露,又字景云,号润斋,是仁拔公之次子也。生于道光壬寅年八月二十日未时。生平不矜末节,仅以耕种为业。……年方二十有四,发贼扰乱,无何母与吾兄吾嫂悉皆归魂于九泉之下。噫嘻,既无伯父、叔母,终鲜兄弟,独予一人,行单影孤,即先世积有少些财物田宅,又皆为逆贼毁失矣。当斯时也,际斯境也,思欲相从于地下,窃恐香烟莫续,无奈姑留余生,以延一脉。

同谱另有记载:"十四祖正柏公,乳(名)美松,字钟龙,号友梅,系仁拔公之长子也。公之赋性刚而不屈,正而不挠。同治乙丑岁逆贼浇叛,公率义勇负载先行,几乎屡战不胜。弗思寡不敌众,弱不敌强,而乃一旦死于非命之手。祖妣庄氏视夫被弑,亦奋与争。噫嘻,逆贼皆不道之流,夫何避于妇人女子乎,呜呼惜哉。公原命生于道光乙未年九月二十六日酉时,卒于同治乙丑年二月二十日申时。"

太平军几次路经石桥,村中人无力抵抗,只得携家带口逃进山里躲避。太平军又烧又抢,长篮一片损失最大,万石楼被火烧毁,长篮楼烧得只剩下一半,前院建筑尽毁。洪坑坝上的建筑也受到不同程度的破坏。战乱过后,经济很难恢复,本来正兴旺的建设停止了,一停就是60年。直到1927年,村中的居住状况实在不能持续而不得不建新屋时,放弃比较小的、开敞式的住宅,而回复到封闭的、防御性很强的、可居住众多人口的圆形家族性集体住宅就成为一种必然的选择。20世纪20年代前后,石桥村一些早年出洋的人在外赚了些钱,纷纷返回故乡,其中有个叫张启根的,小时家境贫寒,一次跟父母到广东大埔老家现属福建永定祭祖,一路上看到许多圆楼,十分壮观,就发誓长大之后盖一座最大的圆形楼。同行的河坑村的人笑话他说:你要能有钱建圆形楼,就把河坑村人在石桥村的垟田给你。说者无意,听者有心。张启根把这话牢牢地记住。后来他随父母到南洋去做生意,赚了一笔钱后,因思念故乡,1926年才21岁的他就带了钱只身回到石桥。那时石桥村已有好几代未分房派,也未建新房了,村里一片萧条。张启根凭借手上有钱,旧誓未忘,便向村人建议造一座大圆楼。但盖圆楼要比一般方形楼占地大,还要占垟田,石桥人不同意。石桥张氏在三世祖分时有一部分垟田

家族性集体住宅的形制

分给了三子宗人公、四子仕良公，后来宗人、仕良二公迁居到河坑村开基，这些田多少代来始终由河坑两房子孙耕种。由于地块不大，距河坑较远，河坑村人几次都想将田换到近些的地方，但碍于家规，没有办成。既然石桥垟田不能建楼，河坑人又有换田的想法，张启根便常到河坑亲族中串门。农闲时人们凑在一起搓麻将，一玩就是一整夜，有时为个输赢能玩上几夜，人困马乏也不歇。传说河坑的保长，即当时家族中管事的人输了钱，正急着捞回来。启根看准机会，拿着一张写好的换地文书，凑上前去死活缠着他。保长输得眼红，也没看换哪块地，就按了手印。启根得逞了，回到石桥开始筹办起建圆形家族性集体住宅的事。等河坑保长清醒过来，一切都晚了。

1927年在张启根的主持下大型的圆楼开工了。[①]地点就在门口垟中部，背靠着大窠岽，楼后山脚下有公王庙。大圆楼原设计为双环楼，可惜只修了外环两层，就因为资金短缺而停工。张启根为此二下南洋做生意筹集资金。三四年之后，由村中的风水师张对阳主持，凑齐钱料，开始建造。到1946年至1947年将圆形楼外环四层修建竣工，又将内圈修建了1/4，两层，取"顺时纳祜，裕后光前"之意称为"顺裕楼"。待张启根从南洋赚钱返乡时，大圆楼已经建成。此时已临近1949年。[②]由于他出洋回来，有钱又买了地，1950年土改时被定为华侨地主，强行送到苏州进行劳动改造，没几年就病死了[③]。（图2-39～图2-47）

---

① 也有人说张启根1933年主持修建石桥顺裕楼。
② 也有人说张启根1940年前后就回到村里，与张对阳一起共同完成了顺裕楼的建造。
③ 据村人说张启根被送到苏州劳改农场改造，不知原因。

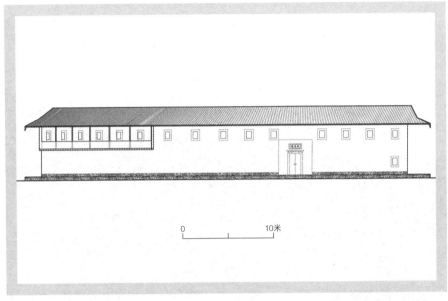

（图2-39）向日楼正立面

（图2-40）方楼、圆楼组成的村落

（图2-41）顺裕楼

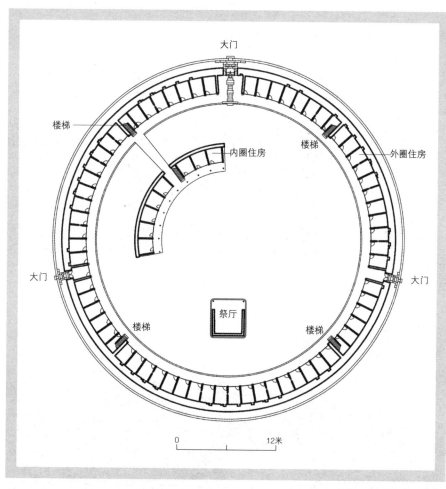

（图2-42）顺裕楼一层平面

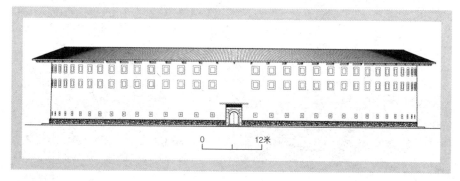

（图2-43）顺裕楼正立面

（图2-44）顺裕楼剖面

（图2-45）圆楼文兴楼

A

（图2-46）顺裕楼大门内，村民们纳凉、休闲

（图2-47）
圆形楼——顺裕楼大门

顺裕楼为什么建造一半而停工，至今说法不一。有人说张启根根本没有多少钱，也有人说他用钱买了地。较集中的说法是，张启根准备建大型圆楼时，为向河坑村人换到门口的垟田，先到各处购买了不少山田，由于山田换垟田，中间亏了许多差价，为此这座楼在未建之前，就已投入了很多钱。张启根又为小时候河坑人的一句话赌气，一定要盖一座南靖县最大的圆楼，费用过大，致使圆楼只建到一半就停工了。

圆楼住宅比方楼的更有优越性。例如房间的面积和质量更均等，分配容易。各方位的房间采用抽签决定，抽到哪间住哪间。又没有方楼的四个死角房间。圆形的抗震性能更好，防御性能更强。

顺裕楼是南靖县境内最大的一座圆形集体住宅，它的平面为两圈建筑，外环外径达74米。上下四层，每层72个开间，共288间，四个楼梯，均匀分布。内环与外环相距4米，两层，但只建成1/4，连楼梯间都没有造，只得采用临时楼梯上下。

外环底层外墙用大块蛮石砌1米多高的墙裙，上面用夯土筑墙，厚1.6米。全楼开三个门，朝南开的为正门，门厅占两间，朝东北和西北开边门，门厅各占一间。内环之内为圆形院落，有一口井和一间独立的庙堂。庙堂坐北朝南，正对大门。由于顺裕楼是集资建造的，不限于房派，所以没有房派的祖堂，只有祭祀观音、土地的庙堂。这是经济关系突破宗法关系的一个小小口子。

顺裕楼也采用通廊式做法，这是十分简单的一种布局。一个开间，从底层到四层上下为一组，供一户使用。底层为厨房、餐厅兼客厅，二层是粮仓，三层四层做卧室。但这座楼是集资建造的，有钱的人家可以拥有几套这样的组合，当年张启根就独有七套，张对阳也有三四套。这是经济关系突破宗法关系的又一个小小的口子。

1949年以后，土地全部分给农户，1958年公社化时，土地转为集体所有。这期间整个中国的乡村建设几乎停止了，但人口却不断增加。1964年前后，石桥出现居住十分困难的局面，例如长篮楼内的30间房，竟住进了30家，连厨房、祖堂及牲口间都住满了人；逢源楼里也住了近30户。大圆楼顺裕楼最多时住过900多人。石桥村迫切需要建造新住宅。当时正值全国大割"资本主义尾巴"，提倡共产主义的大集体的道路，生产队提出建新的集体式住宅，便得到大家的一致赞同。新建的楼仍采用集资方式，当时土地及木料都是公家的，各家只出工料费。建成后，凭抽签分配房子，每户一套或是两套。所谓社会主义的人民公社却又继承了小农经济时代宗法制的传统。

1965年，在门口埕上顺裕楼西侧建祯裕楼。1966年在溪背埕建文兴楼和永裕楼。这三座楼与顺裕楼平面、格局及建造方式基本一样，圆形的，四层，通廊式。祯裕楼和文兴楼的外径都是40米，112间，两座楼梯。永庆楼的外径为47米，144间，四座楼梯。这几座圆楼因规模小，只有一个出入的大门，与大门相对的依旧是庙堂，供观音和土地。资本主义尾巴割掉了，封建主义的尾巴却还在。内院小，为了清洁卫生，辅助房子如牲口间、厕所、杂房均建在楼外。当时社会秩序安定，新楼朝外的窗子也比老楼要大得多。文兴楼的居民都是洪坑坝上搬下来的，永庆楼多为长篮和昭德楼搬出来的。

　　圆楼本来也是家族性集体住宅，但由于石桥村圆楼迟到1927年才开始建造，当时族人大量出洋谋生，或从事商业，宗族力量有所削弱，圆楼的建造不是由一个家族房派承担，而是集资的，用抽签的方式分配。因此石桥村圆楼虽然完全是通用的形制，但在建筑上有些新特点。

　　首先，楼中的祖堂改为庙堂，不再祭建楼的开基祖，而供奉观音和土地。顺裕楼的厅堂独立，一开间建在中央院落北侧，正对大门。其他几个圆楼因规模小，庙堂就建在底层正对大门的一间。庙堂内通常设有条案和供桌，条案之上供观音像和土地老爷的牌位。每逢初一、十五，楼里的人都要进香。平时遇到谁家有难事，也都进香以求保佑。它实际成为楼内的公共活动空间，红白喜事都要在这里举行仪式，甚至设宴。它又是楼内的公众议事场所。（图2-48～图2-55）

（图2-48）顺裕楼内景之一

（图2-49）顺裕楼内景之二

（图2-50）顺裕楼内环廊

（图2-51）圆楼一层为厨房

（图2-52）秋收时，圆楼中间的院落供大家晾晒谷物

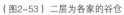

（图2-53）二层为各家的谷仓　　　　　　　　　　　　　　（图2-54）顺裕楼门枕石雕饰

（图2-55）石桥文兴楼

其次，出入口加强了防御能力。如顺裕楼，在门厅上层设竹管穿过楼板通到大门扇外侧的上方，平时将竹管封闭，一旦攻楼的敌人放火烧门时，守御的人可由竹管向下灌水灭火。

第三，圆楼各间不像早期的方楼有正位偏位之别，按家族尊长关系分配，而是更加平均无差别，便于用抽签的方式来分配。但有钱人多出资便可以多要几组，而且可以买卖，因此使用情况发生变化，有的人家在底层拥有几间，便按生活要求分为厨房、餐厅和客厅。

底层的那间厨房兼客厅是白天人们最主要的活动场所，因二层外廊出挑，为利于厨房采光和通风，底层为整个楼层中最高的。不论是厨房、餐厅还是客厅，做法基本相同：窗子为直棂式，窗槛下是高近1米的木柜，房门一般开在一侧。板门外侧还有一扇半门，板门打开通风采光时，关半门拦鸡鸭。厨房内建双眼灶，灶台的一边烧火，一边堆放柴草，贴墙做烟道，再通过埋设在厚厚的夯土墙中的排烟道排出楼外。墙厚，做一些小壁龛，灶边小龛供奉着灶君老爷，其余大小的龛存放碗筷及油盐酱醋等。餐厅和客厅里只放桌椅。

二楼以上挑出木构通廊，为公共交通使用。二楼的房间都是粮仓，做木板门窗，为便于散放粮食，门槛很高。

三、四层的卧室为木板隔断，木板房门，木棂格窗。夯土的外墙上也有比较大一点的窗，比起早期的方楼更讲究居住的舒适。

由于方楼、长方楼、圆楼都是家族性集体住宅，又都采用内通廊式建筑，因此它的私密性都很差，同在一个院内生活起居，且人口众多，男女之间没有条件保持私密。但清乾隆《南靖县志》却载：南靖风俗"妇女非有大故不相见"，"有事出，富者以肩舆，贫者以布裹头，男子导以往，不自行也"。但这些规矩在石桥村的住宅里都很难实施。

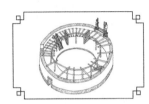

二·家族性集体住宅的建造与施工

　　家族性集体住宅的形制令人惊叹，更以其夯土施工的技术令人称赞。据考古发现，我国早在四五千年以前就已经使用夯土修城筑墙，用夯土筑的房屋在殷商时代的中原一带就已有了。最初形成的闽南人和今天的客家人都是来自中原地区，有一些学者猜测，他们沿用着故地夯土筑屋的技术。但似乎还没有证据可以证明当地土著不可能发明这种技术。

■　家族性集体住宅建筑的建造

　　闽赣两省山多河多，是中国风水术极盛地区。在闽南，凡盖楼，无论是方的还是圆的，都要经过七道程序：选址定位、开地基、打石脚、行墙、献架、出水、内外装修等。[①]

　　首先是选址定位。风水可分为外风水和内风水，选址为看外风水，也就是选择大环境。俗话说："山管人丁水管财"。看地形先要看"来龙"，即建筑背后所依靠的山脉，山脉越长越远，"龙脉"越好，日后家族才能人丁兴旺。其次要看楼前的明堂是否开阔，明堂是众水会聚的地方，明堂开阔是财富的象征。靠溪水河流则要看水路的趋势，要腰带水不要反弓水。朝向避免逆水，避免水在右侧，等等。当年石桥盖顺裕楼时选择在东山脚下的垟田上，尽管明堂平整，来龙长远，但大楼坐北朝南，大门正好对着三团溪反弓水。据说建楼时曾请了几个风水师来看，选定之后，石桥人都不满意，后来又请来了河坑村的风水师，他摸清石桥人十分重视家族文运，就天花乱坠地侃起他看的风水如何能出人才，石桥人听信了，使顺裕楼的大门隔溪正好对着远处的文笔峰。结果楼盖好不久就到了1949年，住户不但没有发展兴盛起来，兴造顺裕楼的张启根还断送了年轻的性命。于是石桥后人都说是顺裕楼的朝向不好，因为三团溪的那一段反弓水如一支正对顺裕楼的弓，文笔峰又如一支箭，顺裕楼恰恰就成了靶心，利箭穿心自然是凶多吉少。

大环境中还有靠山、朝山、案山和两翼的护砂等考虑。

选大地势之后，就开始确定住宅各部分的位置和朝向。首先要确定正门的位置和朝向。找到门的位置，也就是门槛的大致位置之后，通过门槛的中点以罗盘定出楼的中轴线，称为定"分金线"，便是定下楼的朝向。同时也就确定了门槛的位置。然后在轴线的后端立"杨公仙师"(杨筠松)，即立一根木桩。在立桩时还要摆上香案、供品，放鞭炮，焚香祷告，举行一个仪式。

然后是开基。不论方楼还是圆楼，都可根据基地的大小，所需房间的多少，确定楼的规模、层数和间数。方楼确定边长，圆楼则要确定半径。再以门槛和"杨公仙师"之间的中点为全楼的中心，便可量出外墙位置，进一步划出楼的开间和进深大小。在楼的内外墙位置确定之后，再依据设计的基础宽度画好基槽的灰线，叫做"放线"。（图2-56～图2-62）

---

① 参照黄汉民著，《客家土楼民居》，福州，福建教育出版社，1995年。

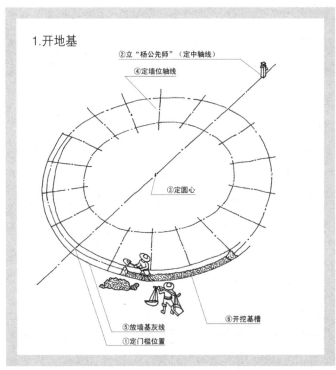

1.开地基

② 立"杨公先师"（定中轴线）

④ 定墙位轴线

③ 定圆心

⑤ 放墙基灰线

① 定门槛位置

⑥ 开挖基槽

（图2-56）
开地基（采自《汉声》
杂志65期，1994）

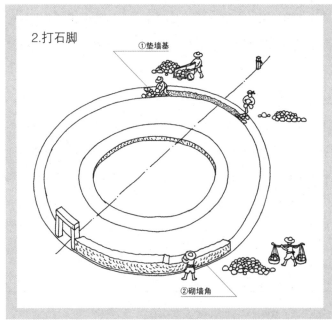

2.打石脚

① 垫墙基

② 砌墙角

（图2-57）
打石脚（采自《汉声》
杂志65期，1994）

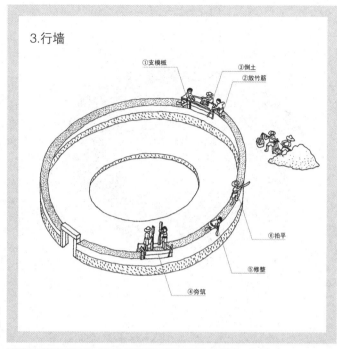

3.行墙

①支模板　　　③倒土
　　　　　　②放竹筋

⑥拍平

⑤修整

④夯筑

（图2-58）
行墙（采自《汉声》
杂志65期，1994）

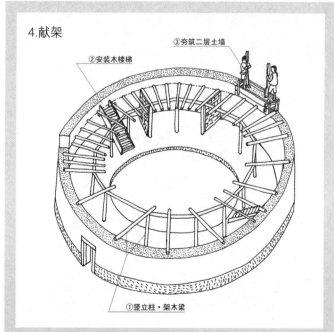

4.献架

②安装木楼梯　　③夯筑二层土墙

①竖立柱·架木梁

（图2-59）
献架（采自《汉声》
杂志65期，1994）

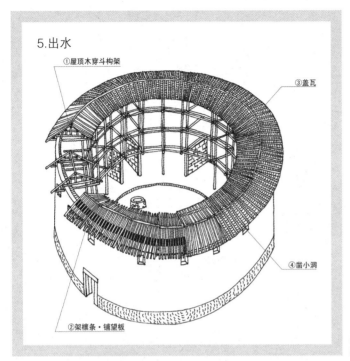

5.出水

①屋顶木穿斗构架
③盖瓦
④凿小洞
②架檩条·铺望板

（图2-60）
出水（采自《汉声》
杂志65期，1994）

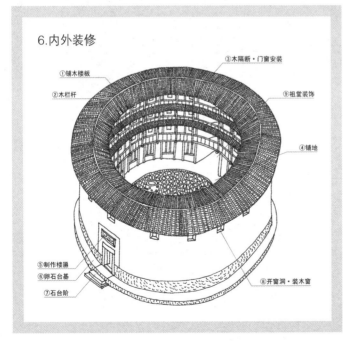

6.内外装修

③木隔断·门窗安装
⑨祖堂装饰
①铺木楼板
②木栏杆
④铺地
⑤制作楼圈
⑥卵石台基
⑦石台阶
⑧开窗洞·装木窗

（图2-61）
内外装修（采自《汉声》
杂志65期，1994）

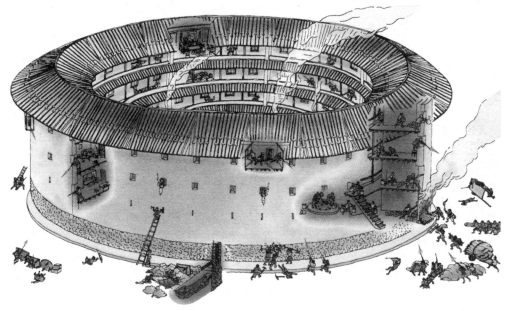

（图2-62）圆楼的防御系统（采自《汉声》杂志65期，1994）

放线之后开始挖槽，当地称"开地基"。根据当地的土质情况，基槽一般挖至老土，深约0.6~2米不等。楼的基槽宽度通常1.5~2.5米不等，直到地面，宽度是基本相同的。碰上烂泥地，不但下挖要深，还要扩大基槽的宽度。

基槽开挖之后，开始垫墙基、砌墙基，当地称为"打石脚"。打石脚在一般山地通常用五六十厘米大小的大河卵石垫底，石缝中填以小石块，使其相互挤紧牢固，如果住宅临河建造，在打石脚时，块石之间通常要灌石灰浆。也有一些住宅建在垾田的烂泥地里，地基沉降大，要防止沉降不均匀。如石桥的长源楼一侧临水，便用编成的松木排在临溪一侧垫基础，又如石桥的圆楼顺裕楼和祯裕楼，由于建在垾田内，土质不实，也沿地基圆周方向，排满松木排。①木排之上才"打石脚"垒石块。垒到地面之上，继续用石块筑下层墙脚，通常高0.6~1.2米，常遇水患的地方，墙脚至少要砌到最高洪水位以上。在墙脚之上开始夯筑土墙。

---

① 相当于现在的筏形基础。

通常墙脚采用干砌，从下到上做一定的收分，大石在下，向上逐渐变小。墙体很厚，垒石分为内外皮，中央再填小一点的石块。砌法也很讲究：内外皮的卵石大头朝外，用小块石头垫稳，使砌筑面保持向墙中线倾斜，这样内外皮就能挤紧，不但墙脚稳定，且由于石头的大头朝外，可避免敌人从墙外撬开。石桥村长篮片沿溪坡地上的长源楼和逢源楼两幢住宅，因沿溪一面地势低，墙基便采用这样的石块干摆的方式，从溪底到院内地面，高达4.6米，虽遭遇无数次水患，墙基至今坚固如初。干摆的砌法比填砂浆有一个大好处，就是能够切断毛细，防止地下水沿灰浆的细缝向上渗透到夯土墙，起到了防潮的作用。石桥村永安楼地势低，为防水患，将墙脚内外两面用泥灰勾缝。干摆的砌法还使建筑立面上光影的变化十分丰富多彩。

墙脚砌好后，下一步就是支模板夯筑土墙，称为"行墙"。行墙是建造的重要环节，因此行墙之前，家族的人要举行"行墙"仪式，吃动工酒，祭拜"杨公仙师"(杨筠松)，燃放鞭炮。夯筑土墙的模板称为"墙枋"，通常墙枋高40厘米，长2米左右。墙枋板多用大约3厘米厚的杉木制成，筑一模称为一"版"。建筑方形住宅时，"墙枋"都做成长条形的。建圆形住宅时，根据圆周的大小，做成弧形"墙枋"。在墙枋里加土夯筑，一段段地夯筑，一段段地接起来，所以叫"行墙"。为保证墙体的垂直。每夯一板之前都要在"墙枋"两端挡板上吊铅垂。

献架就是起木构屋架，每当夯土夯到一层楼的高度，要在墙顶上挖好搁置楼板梁的凹槽，然后木工来竖木柱架木梁，这道工序称为"献架"。

墙体全部建好，各层献架完成，便开始铺盖瓦顶，称为"出水"。顶层的木构架，通常都用"穿斗"与"抬梁"的结合式。上有檩、椽和望板。通常望板上直接排瓦，方形建筑的排瓦较为简单，但要按照建楼的内风水的规矩，使屋瓦的行数按照"天、地、人、富、贵、贫"这6个字循环计算而不能落在"贫"字上，即行数不能是6的倍数。如果瓦数正好落在"贫"字上，即为六的倍数，宅内人口就难保平安。

圆形建筑铺屋瓦比方形建筑要复杂一些。由于圆形建筑屋面的瓦陇仍然是平行铺设的，内紧外松，因此每铺若干陇，内坡要减瓦陇，外坡要加瓦陇。加减瓦陇时，都要砍削一些瓦，所以加减瓦陇就称为"剪瓦"。但无论是加还是减，瓦陇总数都要符合内风水的要求，即不可为"6"的倍数。为防止大雨和台风掀翻屋瓦，瓦陇上都要压上一排排的砖块。

墙体与屋架一层层地建好，铺上屋顶，一座住宅楼就建好了，下一步就是进行楼内的装修。石桥村早期方形建筑，为宗族性集体住宅，多由建房始祖统一装修，而民国以后所建的方形和圆形建筑，由于是集资建造，除了上下楼梯是统建的外，其他一切装修全部由各家各户自己进行，包括楼板和自己房间前的公共走廊。有钱的人家很快将室内楼板、房间门窗及自己门前的走廊铺装好，住进去。但没有钱的常常等待，什么时候有钱什么时候修一点，没钱就放在那里。石桥村的顺裕楼，由于房子建造时间较长，有些人家没等到房子建好，就外迁他乡，房产权归他，但房子没有人住，因此这些房子不但没有装修，就连他门前的公共走廊都空着没有铺楼板。为了安全，住进去的人们只好搭些临时的木板。虽说各家自己装修，但木工师傅为当地工匠，全部按照基本套路，因此每幢楼内的装修，做法大同小异，没有雕饰，没有个性，没有变化。

■ 土墙施工技术

石桥的住宅采用的是石墙脚、夯土墙、木构架，但本村没有石工和版筑工，建造住宅通常是请永定一带专门的工匠班子。他们分工很细，石工专门负责基础和墙脚垒石。版筑工负责夯筑土墙。木工基本上由石桥和河坑的工匠来承担。施工中最复杂、最耗时的工序是夯筑土墙，但它又是最值得骄傲的工序。

首先，为夯土墙备料。土墙以土为材料，土质好坏直接关系到土墙的耐久性和坚固性。因此要选取黏性好、又含有一些砂子的黄土。少量砂子可以减少土墙筑成后的收缩，不易裂缝。生土挖出后要敲碎研细，堆放几个月使它"熟化"。熟化了的土和易性好。有的黄土黏性不够，还要掺和一些石灰。更讲究的还要在土中掺入红糖水和糯米浆，以增强土墙的坚硬程度。还要控制土中的水分，水分太多了，夯筑时发生水析现象，根本不能夯实。水分稍偏多，则墙体不易干燥，且会收缩变形开裂。水少了黏性差，夯筑不实，墙体强度差。

第二，夯筑。夯筑的工具约有20余种，主要有墙枋、夯杆、墙铲、拍板、木槌等。墙枋是夯墙最主要的工具。它的构造很简单。墙枋的主体是两块平行的枋板(俗称"狗臂")，它们一头卡一块挡板，另一头卡一个"狗颈"。狗颈是用三块木料做的"H"形卡子，它的上臂较长，略向后外张。当两块枋板在墙体上就位之后，将一根撑棍嵌入"H"形的上部，往下打，由于"H"形卡子中央横木起支点作用，卡子的下部就可以将枋板牢牢地夹紧，因此当地又称"墙枋"为"墙卡"。枋板之间另有撑子维持墙体的厚度。墙枋的高度约40多厘米。

墙枋放好后，开始放入约15厘米厚的黄土，进行夯筑，夯到大约10厘米厚。夯实后再加土，再夯。如此三四次方可完成一"版"。夯完一版之后，用木槌把"H"形卡子上部的撑棍向上敲起，墙枋松脱，提起枋板上的麻绳拉手，整个墙枋就可以搬动前移。由于不断前移，所以叫"行墙"。较大的楼"行"完一周圈，需要半个月至两个月。如长篮楼，约30米见方，筑一圈120米要半个月，而顺裕楼周长为230多米，筑一圈需要近两个月。这等于说，夯完一版，要待至少半个月后再在上面夯第二版。这个间隔期是必要的，否则，一圈没有晾干，强度很低，很快夯第二圈，下面的便会变形，甚至垮塌。一般较大的家族性集体住宅，无论方形还是圆形，通常一年只建一层或两层，像石桥的顺裕楼那么大的楼，一年还建不了一层。

薄墙只要两个人一起夯。如顺裕楼墙较厚，为1.6米，就需要4人同时夯筑。夯筑厚土墙的方法很讲究，操作分为两个阶段：第一阶段先沿宽度和长度两个方向，每隔八九厘米舂一个窝，每个窝要连续舂两下，称为重杵。目的是使土能够相互黏结。测定夯土密实度的方法，是用尖头钢筋插入土墙，根据插入的深度来判断。第二阶段是在拆下墙枋后，用拍板、铺板、墙铲等工具来修平、拍实，使土墙面平整、光滑、密实。（图2-63～图2-65）

（图2-63）
土楼下砌河卵石，上筑夯土

（图2-64）
土楼下砌河卵石，上面筑三合土

（图2-65）村落景观

在夯土墙施工中有意识地使墙倒向背阴的一侧，就可避免出现"太阳推倒墙"的现象，因为朝太阳一面干的快、收缩快，而背阴一面干得慢、收缩慢，土墙就会向太阳的一侧倾斜。预先略向背阴面倒一点，待干了就正好。

为了加强夯土墙，每隔若干高度要加"墙筋"，即在若干"版"后加一层长长的竹片或杉木杆。第一层放在石墙脚顶上。方楼的墙，转角处纵横两个方向都放墙筋，并在角上交叉。

外墙上的木门窗，在夯筑时都要预埋木过梁，待完工后趁干透前再在木梁下按尺寸开挖窗洞，安装窗框、窗扇。

观前村是因水旱码头转运业而发展起来的商业性聚落。它位于福建省最北部的浦城县境内，坐落在闽江上游的南浦溪畔。

观前村兴起的大背景，是"仙霞古道+南浦溪"形成的水陆联运线。在古代，钱塘江和闽江分别是浙江和福建境内的交通命脉。它们之间横亘着仙霞山脉。而穿过这条山脉连接闽江和钱塘江航运的是仙霞古道。仙霞古道的南端即闽江航运的起点——浦城的南浦镇。它的北端——浙江省江山市的清湖镇则是钱塘江南源的航运起点。从清湖镇到南浦镇的路程，约有120公里。

闽江上游的南浦溪由北至南贯穿浦城县境。在南浦镇以北，其流量不足以开展航运。流至南浦镇时，南浦溪从东侧和南侧兜过南浦镇，并在镇西南方与马莲河汇合。两溪合流，水量大增，适于船只与竹筏航行。南浦镇由此成为集县治与水旱码头双重功能于一身的闽北重镇，也是浙闽赣三省交界地带的一个商品交流中心。

然而，南浦溪具有显著的山区溪流特征，雨季暴涨，旱季回落。因此一年当中，只有部分时段闽江船只能够到达南浦镇，其他时段只能上行至镇南下游23公里的观前村，在那里将货物卸下，之后或转为旱路，或分批装在载重量较小的竹筏，才能向上运至南浦镇。因此，是南浦镇和观前码头，共同完成了南浦溪水路和仙霞古道旱路的转运功能。这是仙霞古道南端与北端的最大不同之处。

---

① 本文根据罗德胤著《观前码头（与南浦镇）》（上海三联书店，2009年）有关章节改写而成。

在观前村的南面，有临江溪汇入南浦溪。自观前至临江溪上游临江镇[1]一段，长约10公里，可通竹筏。这也强化了观前村的码头转运功能。整个观前村，由位于南浦溪西岸的上坊（北）、中坊和下坊（南）三个小村组成。据徐保弟老人（生于1936年）回忆，1949年以前三个村各有居民约300户，1 000人，其中只半数人家有耕地，可依靠农业，另一半人则以运输业为生。三个村子在运输业上也各有区别和侧重：上坊村的居民多放排，下坊村的居民多撑船，中坊村的居民多经商（另外有部分居民以挑担运输为生）。如今的观前村，占地面积约12公顷，人口约790户，3 300余人。[2](图3-1~图3-3)

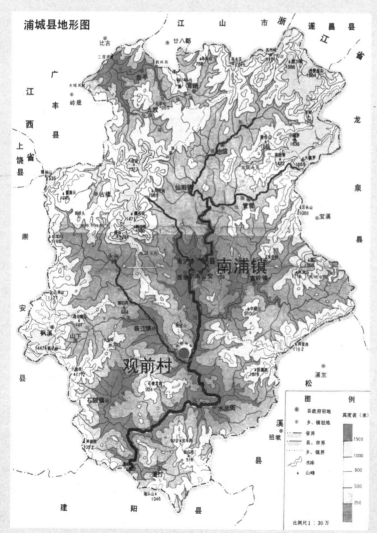

（图3-1）
浦城县地形图

（图3-2）从金斗山俯瞰观前村 【周兴贵 摄】

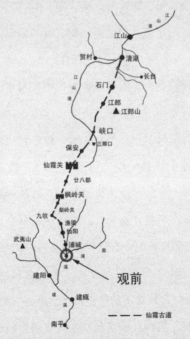

（图3-3）
观前在仙霞道中
的位置

131

一·观前村史

　　观前村是一个杂姓聚居的大型村落。目前人口3 300余人，姓氏有几十个，其中周、张、谢、叶四姓人口最多，合称"观前四大姓"。据1984年《观前村志未刊稿》列举，除四大姓之外，超过1户的姓氏有余、吴、陈、李、梁、罗、林、洪、王、黄、郑、卢、付、单、丁、阳、邹、徐、毛、刘、画、游等，独户的姓氏有高、苏、冯、古、应、廖、管、詹、童等。

　　当地人普遍认为，周姓是各姓氏中最早定居于观前一带的，时间是在北宋。观前小学的周兴贵老师（生于1963年）收藏有一部清光绪版《周氏重修宗谱》的复印本，但它是"浦城周氏"的总谱，只交待了浦城的周姓始祖"源五公"的信息："字本深，授文林郎，敕赠荣禄大夫，葬渔梁梅坑"；"宋景祐七年（1038）封至浦城，躬传儒业，子孙日益繁衍，为浦城始祖"。周姓应该是北宋景祐七年之后来到观前的，但究竟具体是何时，却难以考证了。

　　张姓在周姓之后来到观前村。张氏宗祠内供奉的祖先名为张巨，他是观前村张姓真正的始迁祖"学琳公"的祖父。[①]张巨其人不见于正史记载。按1931年《观前张氏宗谱》的说法，他是北宋元丰五年（1082）的进士，官至御史、朝散大夫。

谢姓大约在南宋末年迁到观前。据清光绪二十九年（1903）观前《谢氏宗谱》，观前谢姓的祖先是曾在南宋末年追随文天祥抗元的谢翱（1249-1295），他在浦城娶妻赵氏，生子一，名原禄。

据余奎元先生《谢翱在浦城》一文载，1995年在观前村谢思露家中，发现了两件有关谢翱祠的文物：一通刻有"万历元年（1573）"的"皋羽谢先生祠记"石碑，和一个烧制有"光绪甲午年吉立"、"谢氏贤祠"、"端阳月穀旦"、"裔孙思露率男金泉上叩"等字的香炉。[②]所谓"皋羽谢先生祠"，就是观前的谢氏宗祠。它应该是在万历元年（1573）修建或重建的。明代诗人徐燉（1570-1642）也写过一首五言律诗《过浦城观前谢皋羽祠》。

叶姓在四大姓中最晚迁入观前，时间是在明代。杨谦吉撰写于清康熙五十六年（1717）的《观前张氏宗谱·卷一·原序》记载："居其地（观前）者，几有千家，惟谢、周、张三姓处之，独张族最蕃。"按照杨谦吉的判断，康熙末年时观前村仍是三大姓为主，叶姓不在此列。

其实，早在南宋，叶姓人就已居住在观前南面约1公里的"后塘"了。据同治九年（1870）叶绍勋撰写的《南浦眉山叶氏宗谱·叶氏观前宗祠记》：

我叶氏静益公，自宋淳熙甲辰年（1184）由龙泉徙于浦南观前后塘眉山之下，山深水秀，爱居而爱处焉。夫后塘，亦水路之一都会也，人烟稠密，华然市镇，迥异于穷荒僻壤之区。自是，子孙日以繁息，曾立有祠宇，岁时聚族，展孝思于一堂。延及明季，屡遭兵变，田园庐舍，焚毁殆尽，而祠宇亦付于一炬，于是遂移居观前，而子孙之离散各乡者，不胜计迨。

---

① 观前张氏奉张巨为始迁祖，可能是出于"孝"的考虑（广东也有将真正始迁祖的上代奉为始迁祖的现象），也可能是因为张巨曾在朝为官，名头说起来更响亮。

② 参见余奎元著，《南浦笔话》，福州，福建省地图出版社，2004：213。同时发现的还有一块神牌，将谢翱列为第一代始祖、其后列至第二十代长房名字及夫人姓氏。本书作者在观前谢炎初家见到此香炉与神牌。神牌长41厘米，宽32厘米；香炉高25厘米，直径29厘米。

由于所有其他文献史料都未提到观前码头的商业贸易情况，所以，叶绍勋的这篇《叶氏观前宗祠记》就显得特殊而重要。按他的说法，后塘是"水路之一都会"，而且似乎在南宋淳熙年间便已"人烟稠密，华然市镇"了[①]。叶绍勋写序时，距离静益公来后塘已有680年之久。他的话究竟有多可信，值得怀疑。

叶姓人迁到观前之后，家族人口逐渐增加，并分作"天、地、人、和"四房，于清道光二年（1822）修建了叶氏宗祠。（图3-4～图3-7）

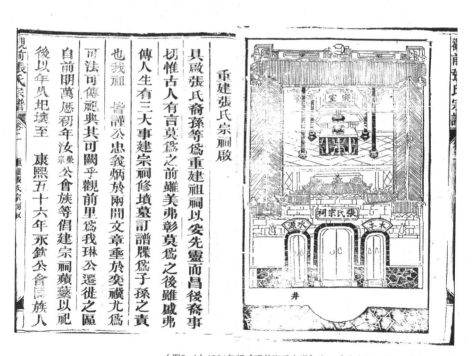

（图3-4）1931年版《观前张氏宗谱》卷一《重建张氏宗祠启》及祠堂图

---

① 原文含义模糊，未明确指出是在南宋。

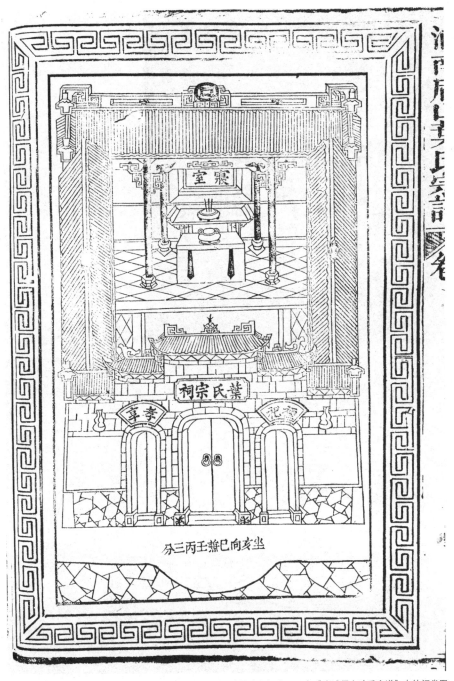

（图3-5）清同治九年（1870）《南浦眉山叶氏宗谱》中的祠堂图

（图3-6）
谢炎初家保存的谢氏宗祠香炉

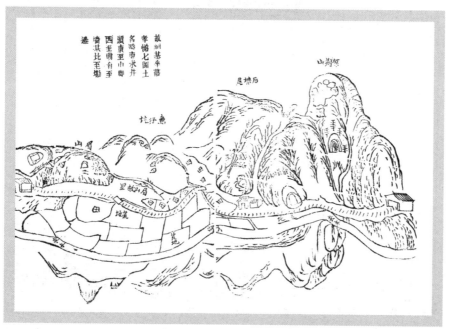

（图3-7）清同治九年（1870）《南浦眉山叶氏宗谱》的"后塘故址"图

二·选址和布局

　　观前村素以"三山秀丽、二水交流"著称。[①]尽管只有八个字，却把观前村的选址原理和结构布局蕴涵其中。

　　先说"二水交流"，指南浦溪与其支流临江溪在此交汇。南浦溪由北至南，于观前村东侧流过。临江溪则由西北向东南，在村南汇入南浦溪。"二水"汇合，流量大增，更适合开展航运。这是观前村选址的一个基本原因。

　　再说"三山秀丽"，指观前村所在的三座小山丘。南面的两座山，土色一黄一白，俗称金山、银山[②]。北侧一座小山，山顶有形状如龟甲的岩石，故名为龟背山，也称龟山或龟埠山。观前村坐落于浦城南部的丘陵山地，适于建房的平地或缓坡地很少。与观前村四周的山岭相比，"三山"的海拔较低（约250米，比平常的溪面高出约50米），坡度较缓，相对而言这样的地理条件是比较有利于建房的。所以，观前村的大部分建筑，就分布在这三座小山的东侧临溪山坡上。这是观前村选址的另一个基本原因。

---

①　此说法载于清同治九年（1870）版《南浦眉山叶氏宗谱》卷一《村庄图引》。
②　金山在银山之南。

位于南浦溪东侧、与"三山"隔溪相望的金斗山，因为临溪一侧的坡度很陡，不适于建房，所以只在山脚下有少量房屋和一座"老水东社庙"。不过，金斗山海拔420米，是附近最高的山峰，很适合作观前村的"朝山"。在"朝山"上修建庙宇或道观，是古代风水术的惯用手法。金斗山上就有一座金斗观（也称金斗庵），供奉元玄帝，即真武大帝。观前村之名，正是因金斗观而得。金斗观的建筑布局模仿自湖北武当山道观，主殿位于山顶，从溪边山脚至主殿之间共设有三座天门。金斗山因此又被称作"小武当山"。金斗山西侧临溪的山脚上，修建有一座小型风水塔，高度仅1米余。前往金斗观的小山径，就从风水塔的旁边经过。

有"三山"做靠山，又有金斗山做朝山，观前村的选址便在风水术上也有了"理论依据"。（图3-8～图3-10）

（图3-8）南浦溪与临江溪（右上方）的交汇口

（图3-9）从溪东岸看观前村

（图3-10）
南浦溪东岸的风水塔
（图中上方）

观前村的布局可概括为"三村、七街、八埠头"。三村指形成观前的三个主要村落，由北至南依次是上坊村、中坊村和下坊村[1]，正式名称各为永政村、永隆村和永福村，它们都坐落于南浦溪西岸和临江溪北岸，它们分别倚靠着龟山、银山和金山。七街指两条平行于南浦溪的街道和五条垂直于南浦溪的街道。八埠头指南浦溪西岸的六处码头、南浦溪东岸的一处码头和临江溪北岸的一处码头。

早期的观前村，可能是由相互之间有一定距离的三个团块组成的。三个团块内各以周姓、张姓和谢姓的居民为主。后来，随着人口不断增加和外姓居民陆续迁入，尤其是叶姓人自后塘遭毁而迁居观前之后，团块之间的边界才渐趋模糊。后迁入的叶姓，与先前三姓合称"观前四大姓"。

七街之中，前街和半街是两条平行于南浦溪的街道。前街靠近溪岸，北至龟山脚下的天后宫，南至下坊村南端，全长约750米。前街上分布着三座凉亭和一座浮桥亭。半街位于山坡上，贯穿中坊村。五条垂直于南浦溪的街道，由北至南依次是周厝弄、社庙弄、祠堂弄、浮桥弄和横街。这五条街巷同时也组成了观前村的雨水排放系统：沿一侧墙根挖有排水沟，利用山坡的天然坡度将雨水排入南浦溪。

八埠头之中，最重要的是浮桥西码头。浮桥是连接南浦溪东西两岸的交通枢纽，旧时从观前村步行到南浦镇，必须先跨过浮桥。浮桥西码头由此成为观前船只、竹筏装卸货物的主码头。观前村的商业街市，正是以浮桥西码头为原点而生长起来的。商铺大部分在中坊村的前街两侧，以浮桥亭为中心，沿溪岸向两边各延伸数十米。横街上也有一些商铺，因为从浮桥西码头走旱路到临江镇，横街是必经之地。

与浮桥西码头的交通枢纽地位相一致，浮桥亭也是观前村的标志性建筑。它采用单檐歇山顶，高约8.7米，在江边一字排开的吊脚楼的衬托下，显得鹤立鸡群。

浮桥亭沿溪两侧是吊脚楼店铺，现存有21间，总长60余米。在码头繁华时期，这些吊脚楼以杂货店、饭店、豆腐酒店为主。吊脚楼很好地利用了河岸地形。溪边的街道与水面之间，约有四五米的高差。吊脚楼在临溪一面，从河卵石垒筑的溪岸伸出2~3米，底下由木柱支撑，木柱又架设在更近水面的低地石块上。从溪面上看吊脚楼，黑色瓦面和原木墙面都随着长长的河岸线蜿蜒伸展，木墙面由一根根木柱支撑，木柱背后则是点缀着藤萝绿叶的斑驳石墙。

"三山"与"二水"带来的防洪问题，是影响村落布局的另一个重要因素。南浦溪是山间河流，具有季节性暴涨暴落的特点。溪流暴涨时，水面常漫过码头。1986年编写的《观前村志》，记载了之前一百年内最严重的几次水灾：光绪二十六年（1900），水涨至周家祠堂、关帝庙的下厅，和水吉庙的上厅；次年，再次暴发洪水，水面只比上一年稍低。[2]前街吊脚楼北面的几间店铺，就是在这两次洪水中被冲毁的。1998年的洪水，可能与1900年那次不相上下。据村民们回忆，当时的水面接近前街店铺和凉亭的屋檐。

出于防洪考虑，观前村的建筑形成沿山坡分布的三层。东面最下层是临溪的店铺、街道和凉亭，平常这里过往或休息的人较多，但遇水涨而淹没街道时，也可数日不用，不致对生活产生太大影响；中层是住宅，其中位置较低的都用毛石垒起2～3米高的地基，以防水淹；西面高处是祠堂和庙宇，包括叶氏宗祠、张氏宗祠、周氏宗祠、水东社庙、关帝庙、水吉庙等，这些公共建筑的地位很重要，建筑成本也很高，所以要尽量远离洪水。唯一一座接近临溪山脚的庙宇，是上坊村北边的天后宫，这里的海拔达到210米左右，已无水患之虞。（图3-11～图3-15）

---

① 根据1986年编《观前村志未刊稿》（第1~2页），除了这三村之外，附近属于观前村管辖的自然村还有：下朴坑（50多户）、柴元（现已无人居住）、葫芦山（10多户）、溪东（5户）、后塘（2户）、西垟口（30多户）和1981年之后新成立观音阁（30多户）、黄竹杈（10多户）、西垟口上村（15户）、后山塘（2户）。

② 参见陈祥荣等编，《观前村志未刊稿》，1986：35。

（图3-11）雨中的观前街巷

（图3-12）观前街

（图3-13）观前村的浮桥亭

（图3-14）近溪的住宅，有高高的卵石墙基

（图3-15）位于山坡较高处的住宅，卵石墙基较矮

三·观前住宅

　　和中国其他地方的村镇一样，观前村大部分的主要建筑是住宅。它们主要分布在比前街店铺略高、比叶氏宗祠、张氏宗祠略低的山坡上。

　　按空间形态分，观前村住宅主要有三合院和四合院两种形式。所有住宅的天井都比较小，大约4米宽、1.5米深。这与当地的湿热气候是相适应的，因为小天井可尽量减少日晒，减少与户外炎热空气的对流，又使屋内不至于太过憋闷。

　　按建筑规模分，观前住宅有独家小院和集合大院两类。独家小院内的天井一般不超过三个。最小型的住宅，只有一个天井，占地面积约150平方米，由上堂屋、下堂屋和两侧厢房组成（如果是小型三合院，下堂屋改为过廊）。大一点的住宅，有两种不同的变化形式。第一种，是在小型四合院的后面增加一个天井，形成上、中、下三堂的两进院落式住宅。第二种，是将两个小型四合院前后相接，并在相接处设太师壁，这样就出现了一前一后两个下堂，各有大门通往户外（又以南面的大门为主入口）；同时，两个中堂合并成一个进深达9米左右的"H"形厅堂，太师壁前（南）为前厅，用于起居、待客、祭祖和就餐；太师壁后是后厅，用于堆放稻谷，也可临时铺客床。这两种住宅还常在一侧附带有小型跨院或一排杂房。主入口常在下堂的左手侧，少数位于下堂前方正中。靠近主入口的下堂，进深大多只有3米左右，但面宽常比中堂和上堂多出约2米。

大型的集合住宅，在当地称"大厝"，内部天井多达七八个，甚至10余个，除有前后相连的天井院之外，又横向并列几个院落，占地面积达到1000平方米左右。观前的"大厝"一共有四座，三座位于中坊村的半街西侧，一座位于上坊村东侧临溪处。山坡建宅首先要解决地基平整的问题。对于大型住宅而言，方法有两个：一是使住宅的进深尽量缩小，面宽尽量加大，形成横长形平面（如上坊村叶宅）；二是将住宅内部划分成前后两三个相对独立的部分，之间用若干步台阶作连接。这两个方法都可以减少土方的挖掘量，也降低山体滑坡的几率。

住宅院的围护结构是夯土墙，这是闽北一带乡土建筑常用的建筑方法。夯土墙高6～8米，比住宅厅堂的屋脊高出1米左右，能起到很好的封（隔）火效果。观前人烟稠密，住房鳞次栉比，又以木构架承重为主，所以尤其要注意防火。

1986年编写的《观前村志》，记载了发生于1915年至1979年之间的6次火灾，其中1915年3月的那次，因村里一位老太太用火灭跳蚤时不慎失火，致使"横街一排木构店房、住房共20余间及亭一座"被毁。后来的6次火灾，毁坏的房屋从1～7户不等，破坏程度都不算严重。[1]1915年的火灾损失之所以严重，主要原因是火灾发生在没有高墙封闭的"木构店房"。

另一个防火措施，是建房时"避开火龙的眼睛"。古老传说，观前北侧的轮藏山，是火龙的龙头；而观前村内的周厝弄、祠堂弄和童厝弄这三条垂直于南浦溪的街道，是火龙的三条龙身。因为有火龙的存在，所以观前很容易发生火灾。

---

① 参见陈祥荣等编，《观前村志未刊稿》，1986：43。

不过，只要建房时避开"龙的眼睛"，就可以防止火灾发生。下坊村谢乌皮宅旁边的一口水塘，就是火龙的一只眼睛，它是不能被填埋的。

水塘使得房屋之间有一定的距离，又能在火灾发生时提供消防水源，对于防火当然是有极大好处。但村民们不喜欢以这种科学的方式来讲道理，而是创造了火龙的故事，用"禁忌"的方式来阻止某些人为一己之利而损害公众利益。

年久失修的高泥墙，有可能坍塌。据《观前村志未刊稿》载，1973年7月15日黄昏，村民们忙于抢收时，中坊村半街十字路口附近的泥墙崩塌，当场压死5人，压伤2人。[①]（图3-16～图3-25）

(图3-16) 小天井的住宅 【邓为 摄】

---

① 参见陈祥荣等编，《观前村志未刊稿》，1986：52。

（图3-17）高高的夯土墙利于防火

（图3-18）夯土墙

（图3-19）住宅的大门用砖，并有雕刻

（图3-20）住宅的太师壁上贴神牌

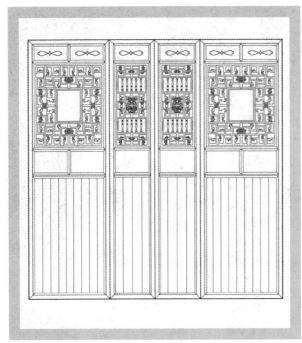

（图3-21）
上坊村周厝弄5号槅扇大样
【朱勋　绘】

（图3-22）
上坊村周厝弄5号窗户大样
【朱勋　绘】

（图3-23）
上坊村周厝弄5号窗户

（图3-24）
上坊村周厝弄5号窗户

（图3-25）曹村的住宅，形式与材料都和观前村的相似。曹村也是南浦溪边的码头

■ 叶氏大厝

观前村的四座"大厝"，原先都属于叶姓家族，后来随着人口增加和房屋产权变更，变成了多姓混居的"大杂院"。

位于中坊村半街东北侧的三座大厝，分别是半街20号、半街24号和半街26号。半街20号在20世纪40年代末以叶、余两姓居民为主，现住8户，共25口人，3户姓叶，2户姓余，周、熊、张各1户。半街24号现住2户，1户姓叶，1户姓李。半街26号，现住3户，2户姓叶，1户姓周。

半街22号大厝位于浮桥弄西南侧，坐西北朝东南，与半街之间有一条长约30米的窄巷相通。此宅由四个院落和后方及右侧的杂房组成，通面宽约39米，通进深约34米，占地面积约1050平方米。因为山坡较陡而进深较大，住宅内部的院落之间，或院落与杂房之间，不得不设若干步台阶来解决地坪高差。（图3-26～图3-29）

上坊村的叶氏大厝位于龟山脚，临溪，坐西北朝东南，由主院、东南跨院和东西两侧的杂房组成，通面阔约54米，通进深约21米，占地面积约940平方米。据叶陈孙老人（生于1931年）说，此宅是他的高祖父"映元公"所建，距今大约有200年；"映元公"有三个儿子，士杉、士林[①]和士真，分作三房。长房和三房都住在这座大厝内，二房则搬到位于中坊村半街的一座大厝内了。叶士真是秀才，生有六个儿子，其中之一是叶陈孙的祖父叶先璧。叶先璧以开店为生，但"生活并不十分富裕"。叶陈孙的父亲名叫叶汝安，"很穷，靠肩挑和贩鱼为生"。中国人常说"多子多福"，但实际上，儿子多往往导致家产越分越小，后代也越来越穷。

20世纪40年代，上坊村叶氏大厝内一共居住着16户人家，大部分是"映元公"的后代，也有租房住的本地人或外地人。（图3-30～图3-38）

叶氏大厝东侧的水碓，也是"映元公"从周姓人手中购买的，由三个房派的子孙轮流管理，其收益归轮值房。"映元公"另有田产作"清明田"。

猪圈 鸡舍

后厅

卧室

厅堂

鸡舍

卧室

后厅

后厅

厅堂

卧室

厅堂

0   8米

(图3-26) 半街22号叶氏大宅平面 【赵雯雯 绘】

① 清同治九年（1870）《南浦眉山叶氏宗谱》卷一《村庄图引》的撰写者。

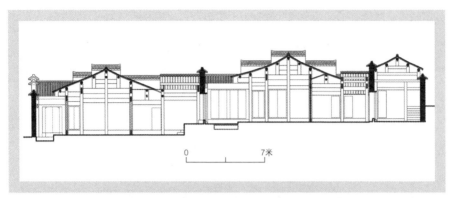

（图3-27）半街22号叶氏大宅纵剖面 【赵雯雯 绘】

（图3-28）
半街叶氏大厝的大门

（图3-29）
半街叶氏大厝的门窗槅扇

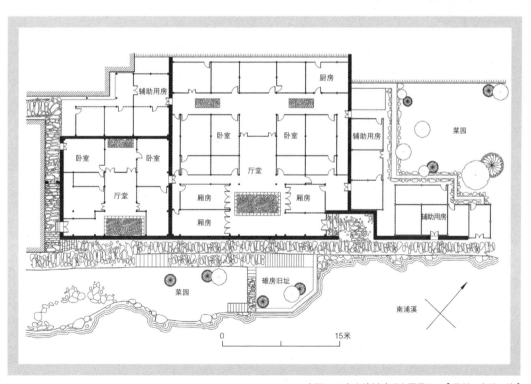

（图3-30）上坊村叶氏大厝平面 【吴彤、朱勋 绘】

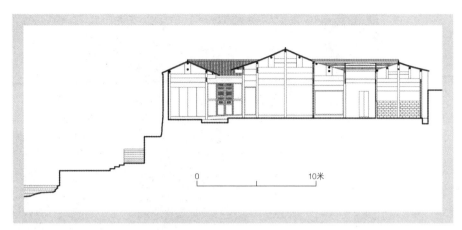

（图3-31）上坊村叶氏大厝纵剖面 【吴彤、朱勋 绘】

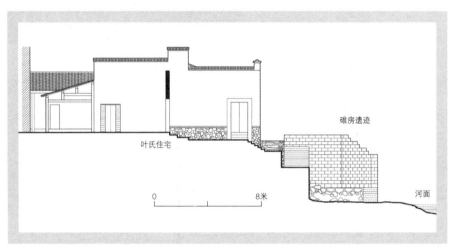

碓房遗迹

叶氏住宅

河面

（图3-32）上坊村叶氏大厝侧立面 【吴彤、朱勋 绘】

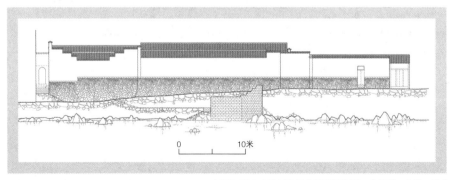

（图3-33）上坊村叶氏大厝沿河立面 【吴彤、朱勋 绘】

0　　　　　　　　　　　2米

（图3-34）上坊村叶氏大厝槅扇大样　【朱勋　绘】

（图3-35）上坊村叶氏大厝

（图3-36）上坊村叶氏大厝沿河立面

（图3-37）上坊村叶氏大厝槅扇

（图3-38）上坊村叶氏大厝槅扇雕刻大样

■ 观前二弄3号饶加年宅

观前二弄原称社庙弄。饶加年宅正对着社庙弄，坐西北朝东南，其东北侧即中坊村的水东社庙。此宅为两进式院落，有上、中、下三堂，通面阔24.5米，通进深27.6米，占地面积约640平方米。大门位于下堂的左手侧，朝向东北，大门外有面积约3.5平方米的门斗。前院天井内有一口水井，天井两侧厢房的槅扇门保存完整且质量较好。东北侧角落有仓库和厕所，并有小门通往户外。较之其他住宅只在大门四周和外墙顶部用少量砖材，饶宅在砖材的使用上是比较"大方"的，其外墙面有将近一半的面积被青砖覆盖。（图3-39～图3-45）

现屋主名叫饶昌，生于1943年。饶昌的父亲是饶加年。饶加年的杂货店，据说是观前街上规模最大的。饶加年当过3年乡长，家境很好，"县里来的人都住他家"。1950年土地改革时，饶加年被划成地主，之后被枪毙①。饶加年的这座住宅也被政府没收，一度用做乡政府的办公场所。

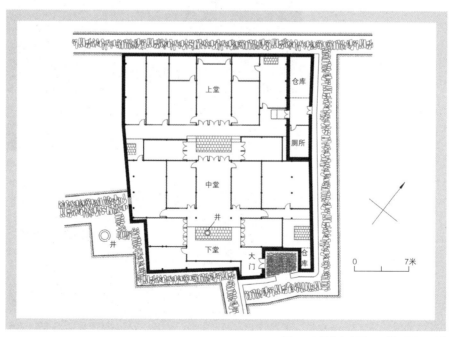

(图3-39) 饶加年宅平面 【赵雯雯 绘】

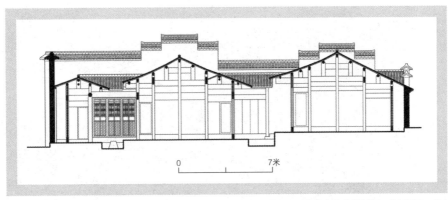

（图3-40）饶加年宅纵剖面 【赵雯雯 绘】

（图3-41）饶加年宅宅前天井厢房槅扇大样
【赵雯雯 绘】

（图3-42）饶加年宅宅后天井厢房槅扇大样
【赵雯雯 绘】

① 罪名据说是"反革命"。

（图3-43）饶加年宅大门

（图3-44）饶加年宅天井

（图3-45）饶加年宅 【赵雯雯 摄】

■ 观前五弄56号余天孙宅

观前五弄即"横街+溪尾弄"①。从溪尾弄向东伸出一条小巷，名为"余厝弄"，其尽头即余天孙宅。此宅为"大进深、小面宽"住宅的典型，坐北朝南（偏东），原有前后两个院落，后院北侧建筑于1986年拆除。

现存建筑占地面积约180平方米，通面阔三间9.6米，通进深14.8米。中堂总进深8.9米，中间以太师壁分隔为客厅和后厅两部分。下堂进深只2.7米，但面阔比中堂多出2米（达到5.4米）。下堂左侧次间为入口，大门朝向与厅堂朝向形成23°的夹角，拐角处正好形成入口的门斗。大门上方有砖雕花卉。

据现屋主余天孙（生于1950年）说，余姓祖上从西垟口村迁来观前，这座住宅是"爷爷的爷爷"建造的。至少从造房者开始，余家就以撑船为生。余天孙的母亲名叫叶招娣（生于1917年），已年近90，她年轻时曾和丈夫一起撑船，到过建瓯、南平等地。余天孙出生后，一直到5岁之前，都跟着父母住在船上。天井内的一棵栀子树，是在余天孙出生那年种下的。（图3-46～图3-51）

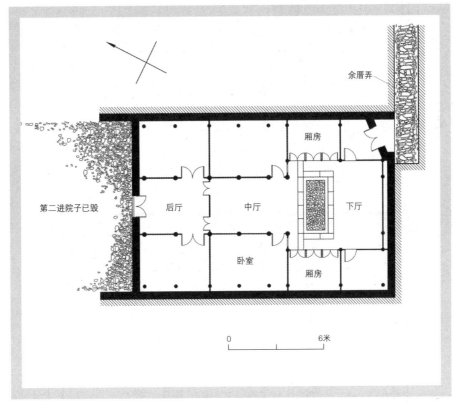

余厝弄

厢房

第二进院子已毁

后厅　中厅　下厅

卧室

厢房

0　　　　　6米

（图3-46）余天孙宅平面　【邓为　绘】

① 横街东起安澜亭，长约60米，其西头分与两条街巷相接，往西北是童厝弄，往西是溪尾弄。横街和溪尾弄现在称为观前五弄。

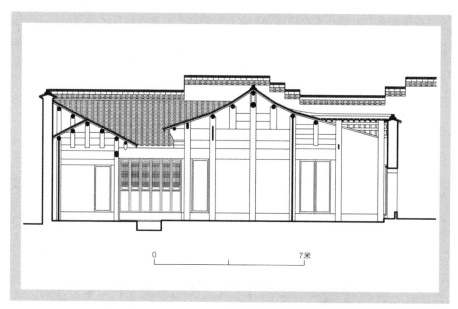

0　　　　　　　　　7米

（图3-47）余天孙宅纵剖面 【邓为 绘】

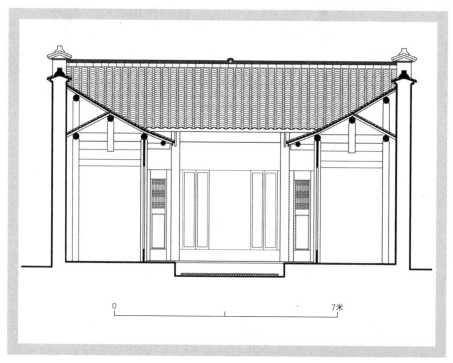

0　　　　　　　　　7米

（图3-48）余天孙宅横剖面 【邓为 绘】

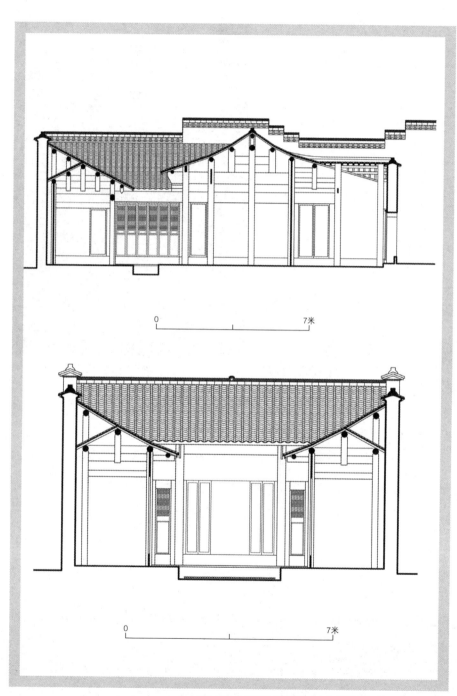

0　　　　　　　　　7米

0　　　　　　　　　7米

（图3-49）余天孙宅纵剖面（上）与横剖面（下）　【邓为　绘】

0   2米

（图3-50）余天孙宅大门立面 【邓为 绘】

（图3-51）余天孙宅天井内的栀子花树

■ 观前五弄65号余有莲宅

位于余天孙宅的北侧。坐北朝南，大门位于住宅南侧的下堂正中，门前有面积约40平方米的小院，其西侧设院门通往一条南北走向、与溪尾弄相连的小巷。住宅北侧的后堂，在后墙上开后门，通往溪尾弄。

此宅占地面积约370平方米（未含大门外院落），通面宽13.8米，通进深23.2米。后堂与中、下堂不在一条轴线上，而是向东偏离1.7米。中堂的东面、紧挨着住宅的东外侧墙，有一个竖长形的天井，它使得住宅东半部分的房屋采光大为改善。中堂两侧房间朝向天井一侧，各有一面雕花槅扇窗，它们可能是整个观前村内雕刻最精美的窗户。

现住此宅的是叶立兴和余有莲（生于1934年）夫妇。民国时期，这座住宅属于余有莲的父亲余炳会。余炳会在1935年或1936年被红军"处决"后[①]，他的妻子和女儿（即余有莲）住在这里。余有莲十几岁时，妈妈也患病去世。余有莲成了孤儿，却继承了爷爷传给父亲的这座住宅。余有莲长大结婚后，丈夫叶立兴（生于1929年，船工）也住进了余家。（图3-52～图3-55）

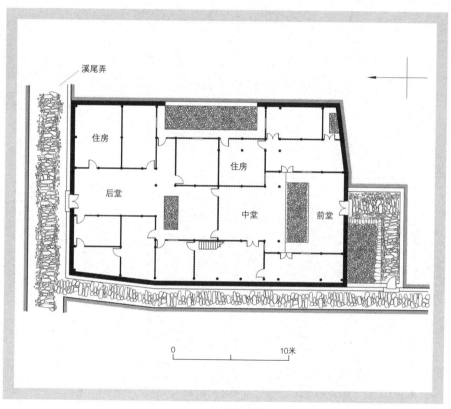

（图3-52）余有莲宅平面 【李冰、赵雯雯 绘】

---

① 余炳会曾加参加红军，但两次逃回家，后被"处决"。

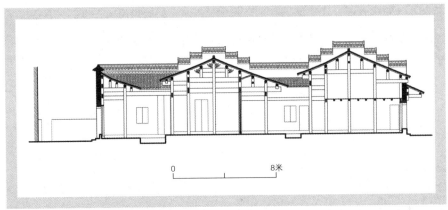

（图3-53）余有莲宅剖面 【李冰、赵雯雯 绘】

（图3-54）
余有莲宅窗槅扇大样
【李冰、赵雯雯 绘】

(图3-55) 余有莲宅的屋顶

■ **观前五弄100号张宅**

位于余有莲宅北面，两者之间是溪尾弄。该住宅坐北朝南，通面宽五间19.1米，通进深23.8米，占地面积约435平方米。

据屋主人陈三妹老人（生于1933年）说，这座住宅是民国时期她的丈夫（姓张，1925 - 2005）购买的。陈三妹老人年轻时曾经和丈夫一起，经历过10年左右的撑船生活，之后购买了这座房屋，丈夫继续撑船，她负责照顾家庭。

与观前其他住宅不同，张宅没有作为门厅的下堂。从对着溪尾弄的大门进入张宅，是宽10.9米、深0.6～1.8米的前天井。前天井北面为中堂，面阔三间，6.9米，进深5.5米。中堂用抬梁式构架，用料粗大，五架梁高45厘米，梁柱交接处设雀替、梁托等木雕构件，是整个观前村内质量最好的住宅厅堂构架。上堂面阔一间，4.3米，两侧各有两间房屋。上堂和中堂之间的后天井，用大块卵石铺砌，天井内立着一个石柱、石板的花架。（图3-56～图3-59）

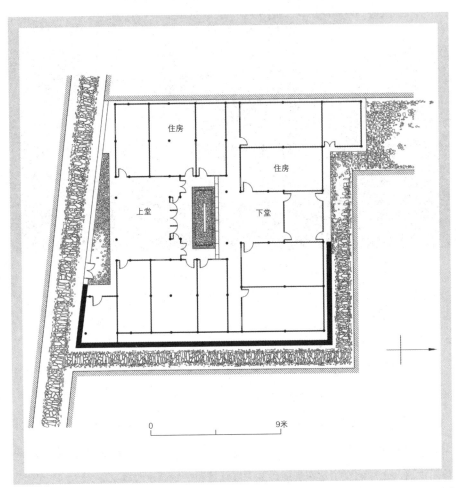

（图3-56）观前五弄100号张宅平面 【邓为 绘】

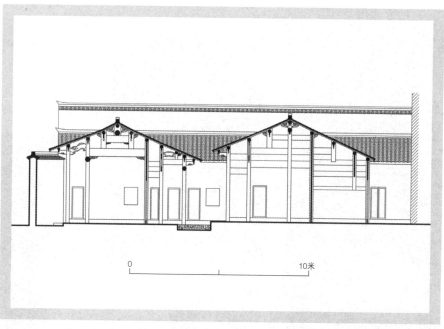

（图3-57）观前五弄100号张宅纵剖面 【邓为 绘】

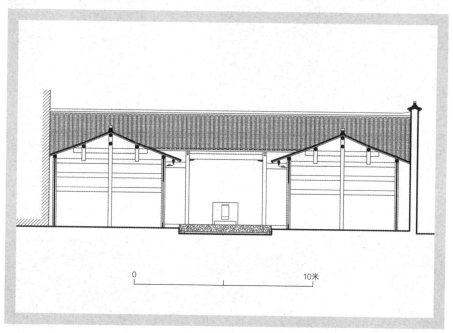

（图3-58）观前五弄100号张宅横剖面 【邓为 绘】

在 神 如 致

龙凤观音

龙凤呈祥喜事多

观音保佑合家欢

海尾等添九十香

瑶池果献三千岁

（图3-59）观前五弄100号张宅神橱

肆 永安安贞堡①
The Chinese Vernacular House

在闽中偏西②的永安市槐南乡境内，有座颇为壮观的城堡式传统民居，名为"安贞堡"，据现存家谱记载是当地乡绅池占瑞、池连贯父子于清朝光绪十一年（1885）为防御盗匪始建，因此又名"池贯城"。（图4-1~图4-2）

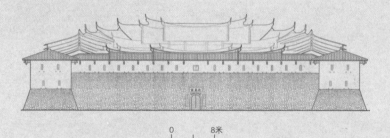

0　　　8米

（图4-1）安贞堡东立面

---

① 本文根据陈志华、贺从容著《西华片民居与安贞堡》（"中华遗产·乡土建筑"丛书，北京，清华大学出版社，2007）有关章节改写而成。
② 从地图上看，永安处于闽中偏西。当地人有时也把永安视为闽西偏北的山区，这其中有竖向地理和交通长期阻隔的原因。

安贞堡坐落在槐南乡的西华片洋头村西北角的台地上，占地面积约1公顷，建筑面积约6 000平方米，前后共有三进院落、18个厅堂、5口天井、12个厨房和368个大小房间，内容丰富，布局井然有序。这幢民居坐西朝东，楼高两层，外观造型坚实挺拔，雄健有力。墙面下段是高约7米的粗朴敦厚的毛石墙，上段是开有小窗的白粉墙，高约2.5米，青瓦白墙相互映衬，黑白分明。青瓦双坡屋顶，屋面高低起伏，层层迭落，屋脊燕尾高翘，形象生动。是当地民居中的佼佼者。

村中相传，在1930年，德化大土匪尚本戎一伙1 000多人强行向西华片乡民摊捐巨额饷银，乡民们闻知尚匪凶残毒辣，早已全部躲进土堡，凭借高墙，荷枪实弹，严阵以待。土匪围堡攻十数日，先后三次猛烈进攻，未能得手后怏怏撤走。在那段日子里，安贞堡有效庇护了远近村民的生命和财产，于是声名大震，传为美谈。

（图4-2）安贞堡外观

一·安贞堡所在的村落及其民居

　　安贞堡所在的地区叫西华片，属于福建永安槐南乡，现有洋头、洋尾、大陇、甲坪四个自然村，有传统民居数百幢，安贞堡是其中规模最大的一幢。在空间和造型上，安贞堡在西华片民居中显得十分突出与特殊，但是又与当地民居有着不可分割的联系。因此，我们不妨先看看西华片民居的基本建筑形式。

　　由于西华片地处闽西山区，地理环境相对封闭，人口稀少，常有土匪出没，而且位于江西向福建移民的主要路线上，受到了客家移民文化和建筑技术的影响，长期以来，形成了自己独特的村落形态、建筑布局和建房习俗，并且一直保存和沿用到今天。

■　村落形态

　　西华片四面环山，众山围合着一块10公顷左右的条形盆地。盆地内有九龙溪、龙心溪、曲路洋三条溪水汇聚，质量最好的农田集中在利于灌溉的盆地里，稍次一些的梯田开辟在山脚的台地上。由于山多平地少，耕地相当珍贵，所以四个自然村的房屋大都退居到台地上，尽量不占用优质农田。农田阡陌纵横，宛如铺撒开来的硕大鱼网。村宅环绕田地散置，相隔颇远，恰似渔网边缘的铅坠。渔网罩住的是农田里丰盈的产物，所以村人把这种台地的形势格局叫"渔网形风水"，认为主财富。（图4-3）

（图4-3）西华片民居概貌

■ **民居建筑形式**

西华片村民的住屋多为堂横式住宅，这种住宅的平面常以一个"口"字形或"日"字形合院为主体，左右两侧对称地布置纵向条形排房。"口"字形合院形式叫做"两堂"，其前后两排横向房屋分别称上房、下房，上、下房正中的明间则称为"上堂"和"下堂"。"日"字形合院形式叫做"三堂"，三排横向房屋分别称上房、中房和下房，正中的明间则称为"上堂"、"中堂"和"下堂"。上房、中房和下房之间是天井，天井两边是厢房。合院两外侧与两厢平行的条形排房叫做"扶屋"、"扶厝"或"护厝"，一条称"一横"，左右共有两条称"两横"，四条称"四横"，多条称"多横"。（图4-4）

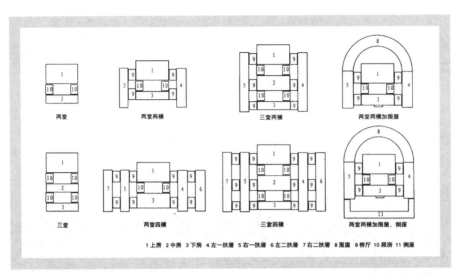

（图4-4）堂横式民居平面示意图

西华片民居中最常见的是"两堂两横"住宅，主要由上房、下房、厢房、扶厝、桥厅等部分组成。（图4-5）

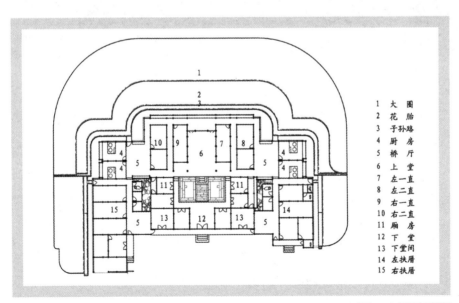

1　大　　　围
2　花　　　胎
3　子　孙　路
4　厨　　　房
5　桥　　　厅
6　上　　　堂
7　左　一　直
8　左　二　直
9　右　一　直
10　右　二　直
11　厢　　　房
12　下　　　堂
13　下　堂　间
14　左　扶　厝
15　右　扶　厝

（图4-5）民居典型平面

上房一般为五开间，进深较大，明间为上堂，兼祭神、祭祖、会客、婚丧嫁娶、节庆寿宴等功能，是全宅的礼仪中心。上房的次间在当地称为"一直"，靠近上堂，是级别最高的卧室。梢间叫做"二直"，级别次于"一直"。"一直"、"二直"的卧室又合称为"上堂间"，它们都只开小窗或不开窗，室内光线阴暗。"一直"与"二直"之间有条宽约1米的夹道，当地称"子孙巷"，是平日里出进卧室的主要通道。

下房与上房相对，一般也是五开间，进深比上房小。正中一间称"下堂厅"，经常放锄头、钉耙、打谷机等农具，方便农民出门干活时取用。"下堂厅"两侧的房间称"下堂间"，用做客房或储藏。厢房大都两到三开间，用做卧室。

扶厝在厢房两侧，内有若干房间，可用做住房、客厅、厨房、牲畜房，也可做粮食加工、储藏、存放农具杂物和谷仓等，功能比较灵活，数目也可以根据需要增建。本地方言中"扶"音同"护"，因此扶厝又常称为"护厝"。厨房的位置一般就在上房两边的扶厝里，建房时配灶讲究"一门四灶五条龙"，一户人家需要一个大门、四个灶和五口天井。房主当时很可能尚无子嗣或只有一个儿子，但他也会早早地为子孙准备四个厨房，儿子结婚后就与父母分灶。

厨房的后檐向外出挑了一个进深约50厘米的空间，当地称"挂寮"。挂寮内搭3～5层木板，上面几层板间有缝，用做碗架，利于碗筷干燥；最下一层木板距地约60厘米，用做洗涤台。为方便排水，洗涤台中间有一小块活动木板，可以掀开，废水、垃圾就直接落到挂寮下水沟中。在西华片的民居中，厨房挂寮的后檐墙都是水平方向的木板墙，菜刀就直接插在木板间的水平缝隙里，从室外看去，每家厨房的后墙上都露出一排闪亮的刀锋。（图4-6、图4-7）传统的住宅中少有厕所，通常做法是在厨房旁边的走廊里放置一排马桶。

（图4-6）一般民居厨房外观

（图4-7）一般民居厨房内景

上房、中房、下房与扶厝的横向连接处是"桥厅"，因侧天井的水从厅下流过，于是又称"过水廊"。为使排水通畅，厅下架地梁将木地板架空了30～60厘米。为了防盗，桥厅下前后有两排石栅栏或木栅栏。桥厅内尺度亲切，光线充足，通风顺畅，是夏、秋季全宅最舒适的休闲场所。桥厅前、后檐面向侧天井开敞，檐柱间一般都有美人靠或长条板凳。一家老小闲时最爱坐在美人靠上歇息，家庭气氛很浓。因靠近厨房，桥厅常用做餐厅，节庆婚丧时也是摆设酒宴的场所。（图4-8、图4-9）

（图4-8）一般民居桥厅外观

厢房、桥厅和扶厝之间围合成侧天井，如果只有一对侧天井，左边的叫做"日井"，右边的称为"月井"。如果宅子有两对侧天井，后面的一对名称不变，前面的一对左侧的叫做"龙井"，右侧的称为"虎井"。

西华片传统堂横式住宅的后面，都有三层土坡从后山向上房后檐墙根层层迭落，每层前缘均略呈弧形，自后往前分别称为"大圈"、"化胎"和"子孙路"。大圈是住宅的边界，常常种上树木，做风水林。化胎大致呈球面，中间凸起，非常饱满，像孕妇的腹部，象征着子孙繁衍。子孙路紧贴化胎下沿，较为平直。这三层土坡有风水因素的影响，体现了家族繁衍、人丁兴旺的美好愿望，但主要还是起着挡土、排水的作用。（图4-10）

随着家族人口和户数的增加，堂横式住宅会进行扩建，在主体合院两侧对称地增建一对到多对扶厝。然后，还可以将合院两侧成对的扶厝后端用半圆形排房连接起来，形成更加封闭的围合，更加有利于安全防御，称"几堂几横加几层围屋"。有围屋的堂横式住屋叫做"围龙屋"，在赣西南、闽中、闽西、闽南和粤东北等地是一种常见的住屋形式。围屋由一排面宽约3米、进深4～5米的扇形排房组成。其正中为一间面宽5米左右的敞厅，按风水说法是龙脉进宅的地方，只能开敞以放置神龛而不得用做他途，被称为"龙厅"。围屋中其他的房间则被用成辅助性住房、牲畜间、仓库等。

（图4-10）一般民居房后"三大圈"土胎

（图4-11）一般民居碉楼

为了防御，西华片有些民居中还建造了碉楼，做瞭望、射击之用。碉楼附设于住宅外墙的一角，与住宅结合起来连成一体，也有个别碉楼独立于宅旁。（图4-11）

在布局上，西华片堂横式住宅的空间比较内向，村民用围屋、扶厝将宅子围起，形成了一个隐蔽、安静、私密、安全的家庭天地；对称性也十分明显，主体建筑沿中轴线布置，其他附属用房左右对称，布局严谨、主次分明，宅内所有的房间都以上堂为中心布置，离上堂愈近地位愈高；住宅外闭内敞，宅内开敞的空间比较多，厅堂和天井是人们活动的主要场所，它们加起来的面积几乎占核心院落建筑面积的一半。造型上，西华片的堂横式房屋不高，绝大多数只有一层，低矮处成年人伸手可及；纵向进深大多只有一两进院落，15～20米；面阔却往往超过30米。使得整幢住宅的体型低矮舒展，与自然环境十分协调。西华片的房屋建造，按照风水说法，房前要有水，后要有山，所以扩建时往往受前后的限制，以左右两侧增加扶厝的方式向面阔方向发展。住宅选址时周围通常留有很大余地，以利于将来人口增加时的可持续发展。

■ 建房过程

西华片传统民居的建造过程包括看山、定盘、算寸白、画水卦、择吉破土施工、上梁等。

房屋的基址叫"坐山"，"看山"即地理师依靠经验及风水术帮主人挑选房屋基址、择定房屋朝向、处理地形问题。据村中的地理师介绍，坐山宜选择坡度较缓的台地，地势陡峭、水流急将不易聚财。布局应以山为依靠，坐实向虚构成前低后高的格局，进门之后"步步高"。若房屋越来越多使后建的房宅已无山可靠，就在房后堆土以应风水之需。宅前应有流水或水塘以聚财气，亦便于洗涤、防火和浇灌农田。当然，房屋基址周围若有活水流过，有青山环抱：左青龙、右白虎、背靠祖山，面朝开阔的明堂则风水更佳。此外，不同的山形还被命名为"虎形"、"牛形"、"象形"、"蛇形"、"龟形"等，房屋在不同的山形台地上建造时将会有不同的处理方法。

为避免"冲煞"，房屋朝向还要考虑与八卦及主人的生辰八字的关系而再做些调整。"定盘"就是由地理先生进一步根据八卦和主人的生辰八字，用罗盘对房屋朝向、水路方向、进出水口位置、院门位置和朝向以及灶的位置等进行微调。

人们对于数字的凶吉富贵一直有所敬畏，认为只有合乎吉祥的尺寸才能平安兴盛。"算寸白"是工匠们根据地理师提供的吉祥数字推算出房屋主要木构件的具体尺寸，然后作为建造房屋的重要依据。算寸白有时候是一个木匠算好画在纸上，有时候由几个木匠一起计算。算好之后，他们先加工出上房明间的连檐木，然后在这根连檐木上标出各种构件的主要尺寸，作为加工其他构件的标尺。这根连檐木叫"丈杆"。

画水卦即绘制房屋梁架结构剖视图。有经验的老木匠根据主人家的要求给出住宅的规模，以及各房间大概位置、面宽、进深、高度等通盘考虑成熟后，在整块木板上用毛笔和墨水画水卦，即房屋剖视图，将脊高、檐高、柱高、地坪标高、面阔、进深等关键性的尺寸写在图上，使人一目了然。

以上四步相当于房屋的设计阶段。看山、定盘由地理师择定，合称为"择地理"，相当于现在的场地规划设计。地理师运用经验和风水知识进行场地设计和建筑规模控制，有一定的合理性。然而乡间地理师将这一套传得非常神秘而灵验，确也有民众需要心理暗示以期望幸福繁荣而地理师需要骗钱吃饭的缘故。算寸白、画水卦的工作则有很大的技术含量，只有熟悉几种尺子的应用和寸白算法且具丰富实践经验的老木匠才能胜任。

画完水卦后，相当于设计完毕。然后东家会请算卦的先生算一算，选个黄道吉日破土动工。破土时，基址上插一两块长条形的木板，上面摹画着一些文字和符箓，包含房基地位置、朝向、建房时间、房主八字、各路神仙名号等，以及地理先生"批风水"的箍语和"符"，称为"吉地牌"。破土时由泥水师傅将其竖在房基地上后挖土破皮，然后木匠才能着手备料。房子建成后吉地牌便挂在上堂的左金柱上。

境内林木种类丰富，为民居建筑的木构架、木装修、竹编抹泥墙等做法提供了重要的木材资源。西华片的堂横式住宅基本上采用穿斗式木构，其主体建筑——堂屋的边榀梁架结构基本如图。据槐南当地工匠的习惯，中柱称为"正栋"，正栋前后排柱子分别称为"前小中"和"后小中"。前小中前面的柱子称"前正脚"，后小中后面的柱子称"后正脚"。"正脚"前后即檐柱，前檐柱叫"前屋脚"，后檐柱叫"后屋脚"。连接三棵及三棵以上柱子的枋叫"穿"，只连接两棵柱子的枋叫"进"。从下往上第一层穿子叫"一穿"，第二、三层就依次称作"二穿"、"三穿"，前屋脚与前正脚间的穿叫"户口穿"。穿上立短柱称"吊筒"，正栋与小中之间的二穿上的吊筒称为"大中吊筒"，亦称"大筒"。前正脚与前屋脚间穿子上的吊筒称为"小脚吊筒"，亦称"小筒"。另外，脊檩称为"正栋梁"，正栋梁下面雕刻精致的木枋称为"花梁"，其他的檩通称为"线横"。（图4-12）

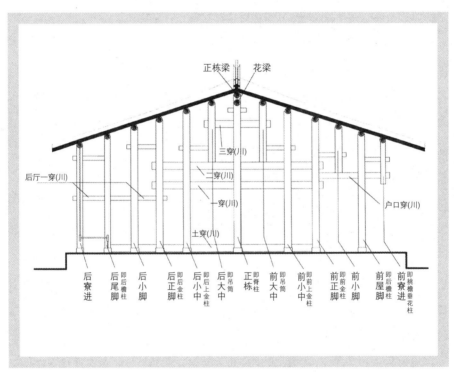

（图4-12）西华片民居堂屋的边榀梁架结构示意图

　　大木构件一般用杉木，杉木高直且耐日晒，是理想的屋架材料。采伐来的木料先露天堆放在基地旁边风干，然后根据"丈杆"弹线进行加工。加工完构件后就开始屋架装配。西华片装配屋架的大木工序分四步：

第一步，先在基地上装配好各榀屋架使其平躺于地，然后木匠锤打柱梁的交接使整榀屋架的构件位于同一平面；

第二步，先将各榀梁架拉起使柱子立在柱础上，并用斜撑支起每棵柱子使之不致倾斜，然后装配相邻两榀梁架间起联系作用的水平木枋——当地称"游"，接着将游校正位置、钉牢，这一步称为"连游"；

第三步，自下而上、从前往后地将线横逐间安放在柱头上。檩条上表面刨平后刻槽，用来安放上层的椽板。最后是上花梁、铺椽板、铺瓦。

西华片的民宅的木构架大部分露明，用料大小适中，主要受力构件上极少装饰，露出木材纹理。木构架之间补以编竹抹泥，涂白灰，衬托出木结构的线条，使木材天然的色彩和质感更加突出。

西华片台地的地表常常凹凸不平，甚至还有泥沼水洼。地基的整理先要大量挖土填坑排水，然后夯实。台基边的台帮砌条石，台帮下面用白灰掺拌渣土夯实，台帮里面的台基先铺白灰掺拌渣土、碎石防潮，再铺三合土夯实。台阶、水井壁一般都用石砌，重要位置的沟道也用石砌，一般沟道就在三合土地面上挖浅坑。民宅基本采用三种墙体：石基夯土墙、板壁（或称隔板）和竹笆抹泥墙。石基夯土墙一般用做院墙和围护墙，下段由石块砌成，厚4米，十分坚固。为保证足够的强度和夯土墙的整体性，夯土墙上不开窗或者开窗很小，外表面抹白灰。白粉墙上还经常绘有用色绚丽，鲜艳明快的彩画，在青山绿水的深色背景下形成清新亮丽的风景。板壁由木板组成，比较轻便灵活，便于装卸，经常用在室内作为隔断，外墙也用，如挂寮。竹笆抹泥墙普遍用于房间之间的隔断，外墙也用，多补填在梁架间。竹笆抹泥墙墙身用细竹条编成笆，在竹笆两侧用泥抹实，干透后在表面洒水，然后用灰抹平。也有乘湿抹灰的做法。最后抹罩面灰，罩面灰非常薄，在安贞堡的内墙上，这个抹灰层竟然不足1毫米厚。

西华片的房屋一般将椽子与望板合为椽板，瓦片直接铺设在椽板上，屋盖总厚才14厘米，使整个屋面的重量大大减小。椽板有两层，每层有2厘米厚，安装时，先将下层椽板嵌在檩条顶预留的槽中，并用竹钉固定于檩条上，上层椽板再固定于下层椽板上，上层椽板在檐口要加钉一条钉椽板，与下层椽板、遮檐板牢牢固定在一起，它能防止椽板下滑。排瓦时先调正脊瓦位置，再排檐瓦，然后拉线铺瓦陇。屋面是最易受损的部位，当地现存百年以上的房子大木结构还保存完好，椽板和瓦片则需要常常更新。

上梁就是安装明间正栋梁和花梁，这一步标志着新宅子的建成，为此要举行一个相当隆重的上梁仪式，仪式的主持人一般是东家的舅舅。

上梁仪式的第一步叫做"接梁"，是将早已加工好的花梁像待嫁新娘一样从老屋接到新房子里去等待安装。第二步为"接红绸"，吉时一到，舅舅揭开花梁上的红绸折叠好交给东家，同时口中唱着吉祥的上梁歌以祝愿新宅主人丁财兴旺。第三步为"封七宝"①，东家往花梁上端预先凿成的凹槽里放代表吉祥的七宝，边放边唱吉祥的上梁歌。七宝放妥后，用活公鸡割破鸡冠在七宝之上滴血，然后用木板封上凹槽口，并用木销钉死。最重要的是第四步"上花梁"，两个木匠拎着花梁两端的布带子抬梁从梯子抵达屋架高处，由木匠师傅将花梁两端入榫于正栋柱上的卯口，然后钉牢。最后一步为"唱批布"，即待正栋梁安装稳妥后，房顶上的木匠用三小袋谷子分别压着三匹布的端头，分别放在梁中、梁头和梁尾。然后将三匹布的另一端松开，使布匹唰的一声从屋脊处开始顺着屋面挂下。此时，鞭炮炸响，东家与各位宾客中会唱的人此起彼落地唱道："一段青布盖栋梁，子孙兴旺满华堂，添子添孙添富贵，进财进宝进人丁。"以表达众人对新宅和主人家的祝福。

整个上梁仪式中，鞭炮声不断炸响，而且此起彼伏的不断响起吉祥的上梁歌，每一个步骤都有比较固定的唱词，由特定的角色来唱。最后，东家给木匠、泥水师傅敬茶、送红包，说些感谢的话。然后东家撒糖果，小孩子们纷纷上前来抢着吃，前来庆贺的亲朋好友也放起鞭炮，满屋子的笑声，满地的红纸屑，热闹非凡。最后主人设宴酬谢土木师傅、帮工及亲友，一般木匠们有专门的一桌，称做"鲁班桌"。在槐南乡的民俗中，上梁是盖房过程中最为热闹、隆重的仪式，也是主人一生中的头等大事。整个上梁的仪式被东家看得很重，如花梁不许女人接触，属相与上梁日子犯冲的人不许到场，不得说不吉利的话，等等。上梁仪式完成后，吉宅基本就算落成，工匠们接着完成剩下的工作。

工匠们代代相传的工作方式仍使得传统建房技术略有保存。在建房习俗中，很多仪式依然十分讲究和隆重。

---

① 即：米（或谷子）、豆（或小麦）、红绸、宁麻布、棉线、铜钱、灶灰等，俗称"七宝"（或说：米、豆、茶叶、盐、铜钱、宁麻布、灶灰为"七宝"）。

二·安贞堡的建造背景、选址和周边环境

■ 安贞堡的建造背景

据《池氏原传宗谱》所记，池氏来自于林姓世族，其祖先林伯迁原本住在福州天虹巷，宋初搬迁到沙县清水池万足里居住，指池为姓，至今已传下二十四代子孙。池家祖上刚来西华片时，曾数代为佃仆，到十四代"朝敏公"经商发迹后才开始买田建屋，池家才开始渐渐富裕起来。到十五世圣笃公时，池氏家业已十分兴旺，家产有"万金"之称。圣笃公所建造的一座住屋景云堂，现在仍然还在使用，而且保存得非常完整。据说景云堂以前的木雕都贴金箔，因此又被称为"万金厝"。到十六世绍忠公池东升时，池家在村中已经相当富有而且颇为显赫。为旌表圣笃公和绍忠公父子两代为官的美名，福建省学政吴保泰于咸丰七年（1857）曾赐给池家金匾一块，上书"桥梓联芳"四字。安贞堡的建造者是池东升之子——池氏十七代池占瑞（1840-1897）和其子十八代池连贯（1858-1910）。池占瑞曾"荣膺诰命"，"敕封征仕郎"，并晋封中议大夫。池连贯28岁以拔贡晋京廷试，拣授直隶州分州，并请荣封二代。他们继承了祖上的家产，为保护自家和本乡百姓的家产不受盗匪侵犯而建造了一座规模壮观的大土堡，使池家的地位和荣耀达到了一个前所未有的高峰。土堡入口拱门两侧现仍有保存完好的对联："安于未雨绸缪固；贞观休风静谧多"，隐括"安、贞"二字，反映了当时池占瑞父子建堡的目的和希望。

■ 选 址

安贞堡选址在西华片洋头盆地的西北部，位于天马山的东北
麓，洋头盆地的地势西北略高于东南，西北部的天马山是全村最高
的山。宅基地的西南有象鼻山，北有青龙山，南有穿山甲山，向东
遥对着鼓形山，是"四灵守中"的大势。安贞堡坐西朝东，依山就
势，靠山宏大而明堂广阔，气势十分宏伟。（图4-13）

（图4-13）安贞堡周围环境照片

关于安贞堡地基的风水现在流传有三种说法：一说是卧牛形；
一说是小猫伏灶；一说是天龙灌水。大多风水先生认为是卧牛形，
他们对安贞堡周边环境的解释都是从卧牛形出发的。他们认为，堡
前做一块禾坪是为了象征草坪，牛醒来会饿，若无草吃则不得发
达。坪前设池，一为饮牛，二为束气，把水留住，就是把财留住。
两个侧门故意错开，也都是为了束住财气。侧门外各设一个鹅池，
或许还与当年"指池为姓"有关系。

选址时地理师并无建二层楼房的经验（西华片现存的传统住屋中，安贞堡是唯一的二层楼房），不知二层楼建起后体量极其庞大，在它的对比之下，周围的山形显得低矮，而安贞堡在台地上相当突兀壮观，远观近瞧都不像百姓家居。池占瑞一系自住进土堡后人丁稀少，家业也渐落。按照现今风水先生的解释是因为安贞堡压住了龙气，池占瑞请到了好的工匠，却没有请到好的地理师。他们将安贞堡和许多其他传统住屋的选址和环境建设完全看做是风水问题，而不了解其中很大一部分是对自然地理环境的利用和治理。

安贞堡的地基据说就有将近1/4是泥沼地，3/4是红土台地。地基西高东低，高差约有6米，整平地基的确是一个难题。安贞堡地基的处理办法是：先将西部高地下挖一人多深，挖出来的土填补到两边，一齐夯平。再将东部泥沼地中的积水和淤泥清除，铺上多层松木以填高地基。民间有"日晒千年杉，水浸万年松"的说法，松木多含油脂，有良好的耐水及防腐性能，当地习惯于用它填地基。相传安贞堡的地基最低洼的地方竟铺了18层松木。

■ 周边环境

目前安贞堡的周边环境包括禾坪、门房、药房、私塾教室、鹅池、水沟、小路、工房、引水渠等，主要具有给排水、交通、晒谷、教学、看守等辅助功能。[①]（图4-14）

禾坪紧靠在安贞堡主体建筑前面，平面呈长方形，宽阔平坦。南北长约60米，东西宽约6米。三面有1.8米高的围墙。1949年以前是池家的晒谷坪，安贞堡被乡政府用做仓库以后，村民们一到秋收就来此晒谷。"文化大革命"时期改名为练兵场，实则一天兵也没练过。自坪中向东远眺，可以看见风水术上称为"大明堂"的农田和

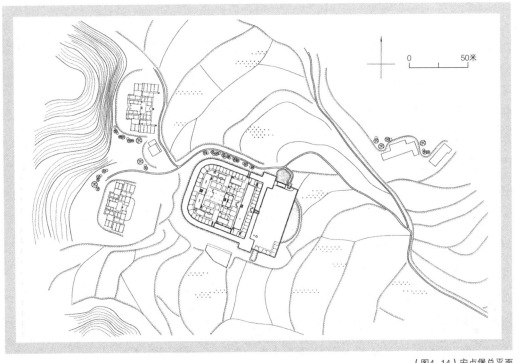

（图4-14）安贞堡总平面

称为"朝山"的鼓形山，景色十分辽阔。坪左侧有一个门，门边有两间小屋，是门房看守室和存放农具之类的储藏室。禾坪的东南角上，有一排"L"形的平房，东侧四开间共12米，是秋天看谷子时用的厨房和池家弟子读书的课室。因为禾坪平坦宽阔，小孩子可以在课余自由奔跑和玩耍。南侧四开间共15米，前两间是制作药材的药房，第三间是个便门，通向堡南的工房和厕所（大粪坑），最后一间住看门人。按照风水之说，两门位于同一条直线上会使财气流失，禾坪左右的两个小门因此有意错开。

---

① 根据1999年永安市人民政府关于规划定安贞堡保护范围的通告，安贞堡四周150米内为保护范围。

安贞堡的地面顺着山势前低后高，前后高差约有4.5米。在安贞堡的周围，紧贴着围护墙的外墙根下，有一条深1米、宽1米的排水沟，可以顺畅地泄泻山洪。安贞堡内明沟所汇集的废水通过几条地下暗沟通到堡外的排水沟，暗沟的沟道和出水孔都为石砌，由于年长日久没有清理，这些水孔现在都已经被山洪带着泥巴堵上了。只有儿时常在此玩耍的池仁升，还清楚地记得每个孔的位置。

在堡前禾坪的两个小门外各挖了一个不规则的鹅池，左侧鹅池呈如意形，面积约100平方米，右侧的鹅池略呈长方形，面积约50平方米。两个鹅池蓄积雨水，可供养鹅鸭。禾坪前面还有一个半月形的鹅池，面积约300平方米。挖鹅池蓄水原本出于风水的讲究，防止家中财气泄漏太快，后来既可以供洗濯、灌溉和饮养鸡鸭，又美化了环境。只可惜安贞堡前的这个水池受限于地势太陡，不能挖得更大，以致池面与安贞堡宏大的体量相比显得太小，看起来比例极不相称。

排水沟和鹅池的周围有一条小路，与天马山的山路和周围农田的阡陌相连，可达堡周的农田，也可以循此向东通往洋头村。安贞堡后侧40米远的台地上，有两幢堂横式的建筑，那也是池姓子弟的住居。西南角的一幢略小，是池氏第十四世朝敏公的二房后裔所盖的住宅，叫"朝阳堂"。西北角的一幢住屋较大，为池氏第十九代的住宅，名为"庆云堂"。

三·　安贞堡的各部分建筑

　　在建筑组成上，安贞堡的各部分建筑与传统围龙屋相似，也有上房、下房、厢房、扶厝、围屋、桥厅等部分，但也包括有与传统围龙屋不同的部分，如：前楼、碉楼和围护墙。从平面来看，安贞堡是在两堂两横加一层围屋的传统围龙屋基础上，再加倒座，加二层，还在上房和围屋的龙厅之间加了个单层廊子。（图4-15～图4-20）

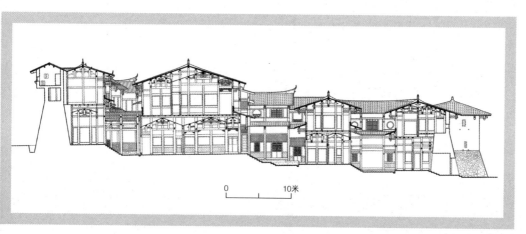

0　　　　10米

（图4-15）安贞堡中轴纵剖面北望

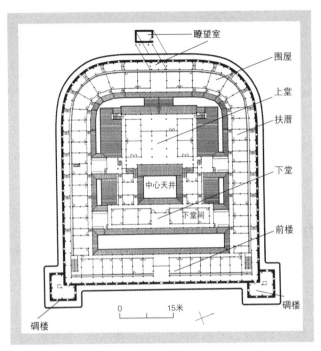

瞭望室

围屋

上堂

扶厝

下堂

中心天井

下堂间

前楼

碉楼

碉楼

0　　　15米

（图4-16）
安贞堡二层平面

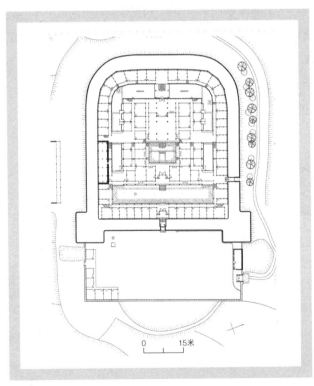

0　　　15米

（图4-17）
安贞堡一层平面

■ 上 房

安贞堡的上房（图4-21～图4-23）高两层，面阔七间，进深十二步架。上房楼下正中三间为上堂，上堂被太师壁分隔成前后两个厅。前厅正对中心天井开敞，宽敞明亮，通风良好，是婚丧等重大家庭仪式、节庆家族聚会以及宴请宾客等家庭公共活动的场所。后厅狭窄阴暗，是丧事停放棺木的场所，平时不用。太师壁比左右木板隔墙向前1.2米，间隙设两个单扇耳门，连通前厅后厅。左侧的木板隔墙上开有双扇门，丧事出殡时开启抬出棺材，右侧没有开门。后厅明间有连廊与围屋正中的龙厅相连。

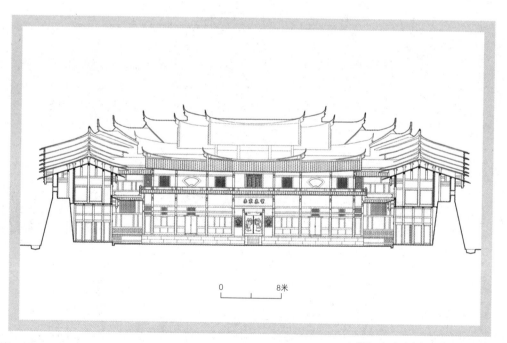

0　　　　8米

（图4-18）安贞堡一进横剖面西望

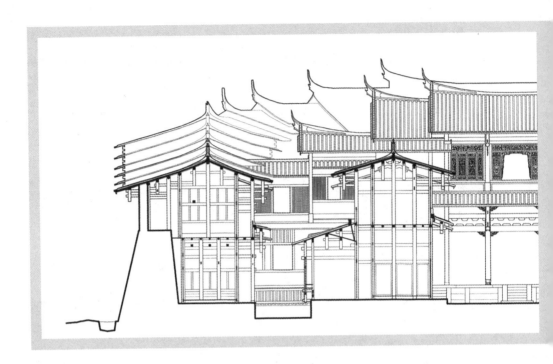

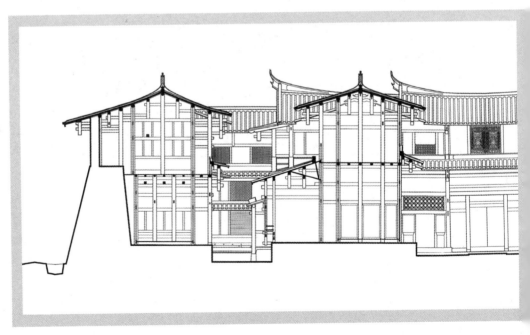

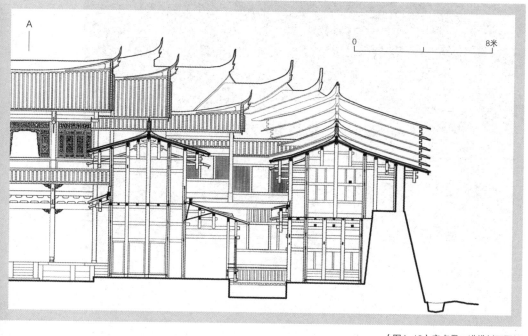

（图4-19）安贞堡二进横剖面西望

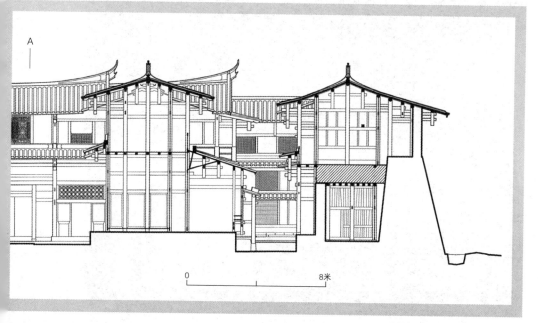

（图4-20）安贞堡二进横剖面东望

（图4-21）上堂室内

（图4-22）祖堂室内

上堂楼上是祖堂，祖堂供奉祖先牌位，是传统住屋中地位最高的地方，上堂更加私密、严肃。祖堂前厅宽敞明亮，视线高远，装饰华丽，后厅较小，在太师壁左侧有门连接前后厅。祖堂屋脊高度为全屋之冠，显示出在宅中的至高地位。祖堂前后厅屋顶下都做了乌龟壳，前檐廊在乌龟壳下又做了个卷棚轩。梁柱间木雕极其精美。前檐出挑垂花柱承托挑檐檩，垂花柱的雕刻精美。祖堂明间前檐装有花罩，次间装有槅扇窗，花罩和槅扇窗的雕工精致为全宅之首。祖堂太师壁正中在祭祀时挂池连贯父母——池占瑞夫妇的遗像，像下供桌放祖宗牌位，放香炉、烛台，显出祖宗崇高的地位。明间前檐的花罩外侧悬挂着一块绿底的匾额，上书金字"第一层"。

（图4-23）从上堂内望向中心天井

上堂两侧为"一直",用做卧室。左右"一直"沿进深方向隔出三间房，未开窗，阴暗而闷气，只在夏天才略显阴凉。左"一直"的地位较高，为池占瑞的大房夫人及其子嗣居住，右"一直"居其次，为池占瑞的二房夫人及其子嗣居住。池占瑞夫妇死后，长子连贯的大房夫人和子嗣住进左"一直"，次子连沣的夫人和子嗣遂住右"一直"。据池仁升讲述，池连沣结婚不久即过世，没有亲生子嗣。池连贯为了不让弟媳改嫁，许诺自己有几个儿子就给她买几个，以此保持家族的人丁不至于减少。后来连贯生四子，就给弟媳买了四个继子。"一直"两侧为厨房。厨房与"一直"间有条宽1.2米的子孙巷，"一直"房间和尽间厨房都对子孙巷开门。上堂前檐廊的两端，各有一座楼梯可登临二层，为男性成员和宾客使用。后檐廊的两端，也各有一座楼梯可登临二层，为女眷和家仆使用。楼上祖堂两侧也有"一直"，包括四间较大的房间，采光、通风条件比楼下好，是主人的主要卧室和书房。

■ 下　房

下房（图4-24、图4-25）面阔七开间，进深六步架。楼下明间为下堂厅，是安贞堡的第二进门厅，内有一道双扇木门，门扇上绘有两幅门神，右为魏征，左为徐茂公，守护着宅子核心四合院。魏征左手持笏板，右手举盘，盘上置一官帽；徐茂公左手举盘，右手相托，盘上置爵樽，意为"加官晋爵"。门扇与两边的木板隔墙之间有两个侧耳门。平时大门不开启，从左右耳门出入。下堂厅楼上是一个半封闭的敞厅，供奉池占瑞父亲池绍忠的神位，室外前腰檐下还挂着一块木制大匾，上书四个颜体大字"紫气东来"。下堂厅两侧的房间开门朝向中心天井，用做书房会客。再靠边上的房间则朝前院天井开门，给客人和教书先生做卧室，显示出内外有别。

（图4-24）紫气东来

（图4-25）下房西面

■ 厢　房

厢房（图4-26）位于中心天井左右两侧，面阔三开间，进深五步架。楼下厢房明间取名"自修室"，面阔3.6米，木门窗精雕细刻。据后人回忆，室内以前摆设成书房的样子，意图向来宾展示主人的高雅，进门正对着的是一条书案，书案后面是太师椅，两边靠墙各有两张太师椅和一张茶几，墙上悬挂字画。当年池占瑞富甲四方，池连贯又得了功名，官府乡绅都来结交，一时间曾是宾客不断。池占瑞和池连贯擅长书法，宾客们来安贞堡访问后也喜欢留下墨宝，因此安贞堡的18个厅堂大都设有书案和文房四宝，以备随时题诗写字，而安贞堡内四壁悬挂的书画很多就是从这些作品里挑选出来的。

（图4-26）厢房

■ 厨房、餐厅、浴厕

安贞堡的厨房总共12间，为人丁的增长做好了准备，反映出建房主人对家族兴旺的期待。上房的"一直"两侧各有三间厨房，每边厢房后檐墙外侧也有三间厨房，都对子孙巷开门。厨房的屋面为单坡，进深3米，面对侧天井开敞。厨房的木地板架高30厘米，地板梁从后檐柱向室外出挑60厘米，做出挂寮。

现在安贞堡的厨房里面灶具均已不在，只剩下烟熏过的四壁和带着排烟孔的屋顶。但是，根据地面墙面留下的痕迹，考察过村中住屋的厨房布置，还是可以想见当时的情形：厨房后檐向天井出挑挂寮，后檐柱与挑檐柱之间搭上两层木板，上层木板距离地平大约1.8米，用来放碗筷，利于干燥，下面的木板距离地平面大约60厘米，用做操作台和洗涤台，其中有一小块可以掀开，将废水和垃圾直接排到室外的水沟中。灶台占据厨房的中心位置，有两个大灶眼，锅就安在上面。每个灶眼都配有柴火口、通风口和排灰槽等，有的还设有一至两个小灶眼用来放小铜罐烧开水。炊具就放在灶台上。灶台的周围，还有柴火堆和水缸。厨房的洗涤和烹饪用水多是自家院子里的井水，在厨房中用水缸来存放。

厨房的屋顶每隔大约2米就开一个烟孔，烟孔周围修砌成鱼嘴形，鱼嘴上腭盖瓦。从屋顶外观看起来，既美观又轻巧。当然，这也只是一种比较原始的排烟方法，经年累月地，厨房四壁已经被熏得墨黑，厨房显得十分昏暗。

与安贞堡内其他的建筑一样，厨房的屋面没有举折，坡度缓和。瓦就浮搁在屋面上，只在檐口处每隔一行的盖瓦上加压一块砖，以防止瓦片滑坡和风掀起瓦片。瓦很薄，屋面又是最易受损的部位，据安贞堡现任管理员池仁升介绍，安贞堡自从1984年列为市级文物保护单位以后，大部分瓦和椽子已更换过一次，平时一年至少也要维修一次。

西华片夏季湿热,浴室必不可少。安贞堡在上房两侧6个厨房的6个角上向室外挑出个约1米见方的挂寮,辟为浴室,利用灶台热水洗澡。下房的尽间位置,有个12平方米的房间,据说是餐厅。在厨房与餐厅之间有一条1.6米宽的走道,走道尽端挑出1.2米的挂寮作为厕所。厕所地面为木板铺地,距离室外地面1.2米高,木板正中留了个洞做蹲坑,蹲坑下面放大马桶,减轻了室内便臭的问题,但是却给室外增添了不少臭气。浴室和厕所的下面就是明沟,有利于集中排水排污,但卫生状况不佳。(图4-27~图4-29)

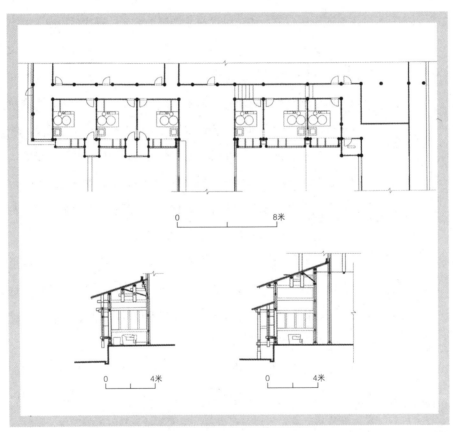

0　　　　8米

0　　4米　　　　　0　　4米

(图4-27)安贞堡厨房、厕所、浴室平面和剖面

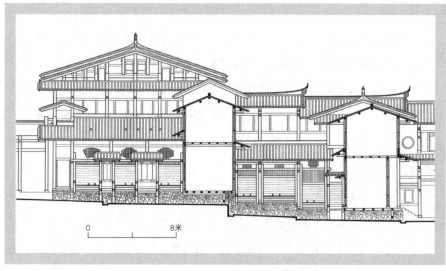

（图4-28）安贞堡厨房、厕所、浴室立面

（图4-29）安贞堡厨房、厕所、浴室透视

■ 扶厝

安贞堡的扶厝在厢房外侧，高两层。左右扶厝内各有十几个连排房间，诸房之间用竹笆抹泥墙作为隔断，墙面抹白灰，每间面阔约3米，进深约5.4米，房门为单扇木门，每个房间开一扇鲨叶窗。安贞堡的扶厝两层共有42间房，用做库房、备用房间、厅堂和楼梯间。池占瑞在建堡时已为后代的人丁兴旺做好准备，可惜池占瑞的子嗣不多，而且稍有积蓄就离开安贞堡另建家园，安贞堡内的住家一直很少。（图4-30～图4-32）

扶厝的后檐墙就是全堡的维护墙，围护墙顶端是宽约4米的走道，扶厝楼上的房间有门与围护墙顶的走道相通。

右扶厝东端楼下五开间，正对着下房与厢房的位置上，还有个很特殊的贮藏库。据池仁升讲述，这里以前是存放地契、金银珠宝和珍稀字画的防火库。防火库内地面为三合土夯实，天花板厚实，与上层楼板间充填有70厘米厚的土层。防火库的后檐墙是石砌的外围护墙，其余三面墙皆为60厘米厚的夯土墙。防火库的

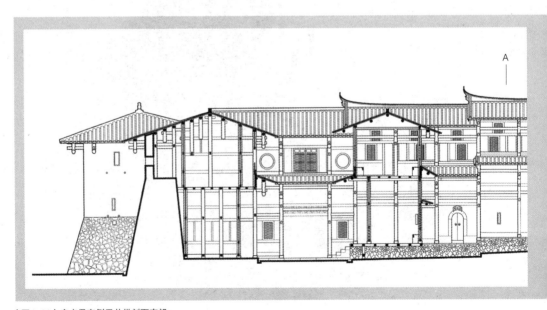

（图4-30）安贞堡南侧天井纵剖面南望

入口为石券拱门，门头上雕刻"最深处"三字，门洞内侧安装铁门。据池仁升回忆，那是一个极沉重的双扇铸铁大门，1958年被拿去"大炼钢铁"了。木结构的房子最怕见火，这防火库六面防火，就算其他屋子物体统统烧光，库中财宝依然会完好无损。

扶厝前与前楼连接，后与围屋相连，形成一圈房屋，把核心建筑呵护在当中。

（图4-31）防火库

（图4-32）扶厝

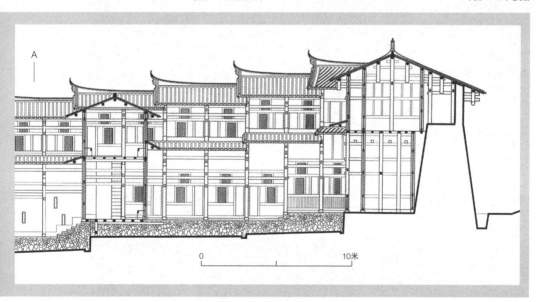

0   10米

■ **围 屋**

围屋紧接在扶厝后端，平面呈半圆形，有房15间，除了房间形状略呈扇形外，围屋的房间大小、结构、门窗与扶厝完全一样。由于通风采光良好而且私密安静，妇女纺织、缝纫也常来此处。（图4-33～图4-35）

在全宅中轴线的终点，围屋的正中，有个较大的房间，前檐完全敞开，内设神龛。按照风水说法，这里是龙脉进宅之处，称为"龙厅"。龙厅梁架稍有雕饰，一层前檐出挑垂花柱，做出腰檐，室内天花做了个"人"字形乌龟壳。厅的檐廊里悬挂一块木匾，上书"仰高"。楼上厅堂的前檐也完全开敞，前檐出挑垂花柱，檐口悬块木匾，上书"望远"。

右围屋东端有个酿酒的房间，木地板架高30厘米以隔潮，后墙根左角下还有个方形小蓄水池，据池仁升说，蓄水池的外面，以前曾有三排竹管引来山泉提供酿酒所需的活水，然后经此池流到虎井里的水井中。

（图4-33）围屋屋顶

■ 前 楼

前楼（即前院倒座）紧接着扶厝前端，有房15间，结构与扶厝基本相同。除了楼上左次间为宅主池连贯的书房外，其他用做谷仓和贮藏间。左右尽间的外侧还有座楼梯可达二楼。池连贯将自己的书房命名为"青云斋"，并在房门的门板上题诗一首：

十载攻书到学堂，奋身便作状元郎。

举头振起千山画，□窟闲侍万载香。

三尺浪中龙变化，九霄云外凤腾翔。

学比古人为俊逸，□皇家分栋材梁。

前楼楼下的正中一间是安贞堡的入口门厅。门厅正中有一道双扇门，双扇门两边的木板隔墙向前凸出，木板隔墙与门扇之间的间隙设两个单扇耳门。双扇门高2.6米，宽2.4米，门扇上绘有两个2米高的全身披挂、手持武器的守门神，左为秦叔宝，右为尉迟恭，两员唐代武将护卫着宅子的核心四合院，成为宅子的武门神。大门以黑为底色，以红、绿、金色等搭配画门神，显得庄严肃穆。平时大门不开启，人都从左右耳门出入。（图4-36、图4-37）

门厅的楼上是个厅堂，内有一道太师壁，太师壁前曾经供放过三尊神像：真武帝、太保公和观音菩萨。因为在入口门厅的上方，此厅堂也具有一定的防卫性，厅的前檐墙上有较大的窗户可以向外射击，楼板上还预留了两个洞口，可用来浇水以防敌人用火烧门。

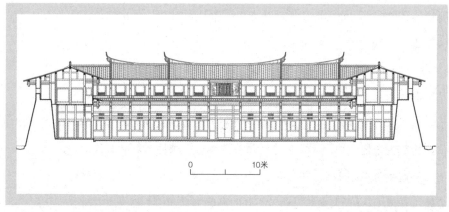

（图4-36）安贞堡一进横剖面东望

（图4-37）前楼

■ 碉 楼

碉楼在扶厝与前楼相接的两个角上；安贞堡有两个相同的碉楼，位于前楼与扶厝交接的地方，即堡的东南角和东北角，是防御匪徒的重要据点。碉楼的平面都是方形，边长为7.2米，堡体向前、向侧边凸出均4.2米。（图4-38、图4-39）

碉楼坐落在4米高的毛石基座上，毛石基座由上往下逐渐放脚，基座的底边长有10.6米。碉楼四面墙壁都是结实的夯土墙，厚60厘米，高5.5米。碉楼的屋顶比较特殊，外观为四坡攒尖屋面。青瓦铺顶，内部为伞形结构，立中心柱。每边靠墙有三棵柱子，共八棵，支撑起碉楼的四边檐檩，并与中心柱一同支撑起8根大梁，梁上再架短柱承托檩子。8根大梁的内端以不同的高度都插在中心柱子上，呈现出像伞骨一样辐射的结构造型。

两座碉楼的前面和向中轴的一侧都开有射击窗和射击孔，对攻击大门的匪徒形成居高临下的两翼夹击之势，具有很强的防御力。

（图4-38）堡前碉楼

（图4-39）碉楼外部照片

碉楼的室内地平比安贞堡外禾坪的地面高4米，比前楼二层前檐廊地平低2米，既能够接近地面看清敌人，又能准确射击。碉楼的入口在前楼前檐廊的南北两端，入口处放一个活动梯子，与匪徒作战时，射击手就靠梯子上下。据池仁升说，碉楼里以前曾有土炮、硝和铁砂子。硝和铁砂子于1950年"土改"时被土改队收走，土炮在1958年被搬到永安县城去办阶级斗争展览。

■ **围护墙**

围护墙则沿着安贞堡的外边缘将安贞堡严严实实地包裹起来。围护墙包括外墙、走道、瞭望室和堡门，将围屋、扶厝、前楼和碉楼都包裹起来，起防御作用。（图4-40～图4-43）

围护墙的下部分是坚实厚重的毛石墙，为黄褐色花岗石石块叠砌，高7米，底部厚4米，向上逐渐收分，到顶部厚约2米，屋后方略宽，约2.5米。据说毛石是在附近山上开采，大的石块压在最下面，中号的夹杂在中间部分的大块石中间，小的在最上面，石头的垒砌采取斜向错缝。

靠毛石墙顶部外边缘，立有一堵厚70厘米的夯土墙，余下的1.3米形成毛石墙顶走道，走道靠屋后方略宽，约有1.8米。夯土墙上每开间都有个内宽外窄的箭窗用以射击，还有两个狭长的内高外低、内大外小的圆形射击孔，利于向堡外定向设计。夯土墙绕堡一圈，共有99个射击窗和198个射击孔。

为加强对敌的观察和攻击，安贞堡中轴末端二层走道的上方，建造了一间小小的瞭望室，进深3米，面宽4.2米，瞭望室的后檐墙和左右两边的墙上均开有瞭望窗，居高临下，视野开阔。

堡门有一个正中大门和一个侧门。正中大门为石券拱门，门洞进深4米，门洞外侧砌石券拱形门框，洞口内立双扇板门，板门外包上铁皮，再用铁钉钉牢，防止盗匪撞门及火攻。铁门外侧的上方，二层楼板上留有两个孔隙可从二楼浇水防止敌人对大门的火攻。

安贞堡的左侧门位于下房前檐廊北端所对的毛石基墙上，为块石搭砌的方形门洞，开间面阔1.4米，进深4米，门洞内距离门框1.5米的地方立双扇板门。板门外也包上铁皮。门洞上方也留了一个可从二楼灌水的孔隙，以防敌人火烧门扇。

毛石墙基、夯土墙、射击箭窗，还有瞭望室和防护门，构成了安贞堡坚固的围护结构。

（图4-40）围护墙外观

（图4-41）围护墙顶

（图4-42）围护墙内的箭窗

（图4-43）堡后瞭望室

■ 桥　厅（过水廊）

　　安贞堡有四处桥厅，为上房、下房的前檐廊与扶厝的连接处，都是上下两层。桥厅面阔皆为4.2米，四面开敞而通透，梁架露明，没有任何雕刻装饰，感觉十分清爽。木材构件的加工简洁而不粗糙，能接触人的地方棱角都被抹圆，显得轻巧、质朴。桥厅的前后檐都设置木板护栏，靠护栏有一条通长的木板凳。桥厅的楼下是过厅，楼上是妇女织绣的敞厅，称为"花厅"。上下空间皆宽敞明亮，尺度宜人，通风条件很好，与各房间的联系方便，是家里人喜欢停留的地方。

　　上房的桥厅宽4.5米，前后面向侧天井。下房的桥厅宽4.8米。楼下过厅的前檐有板障，后面向侧天井开敞。桥厅的底下叫做"煞沟"，为了让煞沟从底下通过，桥厅底层的楼板都架高1米，楼板下前后还有两排木栅栏，可以隔滤较大的垃圾杂物。桥厅的前后都做腰檐，与两侧建筑的腰檐连接在一起，而桥厅腰檐的挑檐檩就架在两侧建筑的梁架上。（图4-44、图4-45）

(图4-44) 桥厅室内

（图4-45）桥厅外观

▪ 天 井

安贞堡有6个天井：前院天井，中心天井、龙井与虎井，日井与月井。

前院天井是个南北向狭长的长方形空间，天井南侧有一口水井，井水为可饮用的地下水。前院天井的地平比中心天井低1米，周边以四圈条石铺砌，中央以三合土夯实。整个地平中间略高，周边略低，四边有浅浅的排水明沟。据说前院天井主要的功能是接待一般客人和收租粮，秋收时人多事忙，人来人往，但是一到农闲时就异常的安静冷清。

中心天井被上房、厢房、下房包围，是安贞堡的几何中心，平面为长方形，四边以条石铺地，中间以三合土夯实。天井地面划分为前后两片，高差40厘米，三个踏步。天井周边集中了全宅的大部分装饰，气氛庄严而华丽，在天井中举目四望，处处可见精美的木雕、石雕和彩绘。（图4-46）

龙井与虎井位于厢房与扶厝之间，左龙右虎，平面呈东西长南北窄的长条形。天井地面由碎砖和碎石块铺成，现在都已长满了青苔。天井前低后高，最后端要比最前端高80厘米。这4个天井的地平顺着地势前低后高，以利于排水和排污。

日井与月井位于上房与围屋之间，左为日井，右为月井，平面呈"L"形，靠近围屋的一边是弧线轮廓。围屋随着地坪高差层层迭落，梁架也上下参差，变化十分丰富，给天井带来了丰富的线条美感和韵律美感。天井的地面也前低后高，前后有60厘米高差。两个天井内各设了一条石案，上面摆设盆景花草。（图4-47）

日井内有一口取地下水的真井，而南侧的天井有一口蓄积雨季山泉的蓄水池，由堡西南角用一节节竹筒将山上清泉引入宅内。根据池仁升回忆说，安贞堡的西南角外曾经有三排竹筒直通天马山山麓，还建造了一排房子保护竹筒，名为竹筒房。后来，由于竹筒妨碍交通被拆除，竹筒房也就拆掉了，井水渐渐干涸。洋头村有时涝有时旱，安贞堡准备了两套取水途径，比较稳妥地预防缺水。井边和池边原来都有汲水用的辘轳，后来改成压水机，文化大革命后就全撤了。

安贞堡内建筑的覆盖率是84.5%，满满地占据了宅子的绝大部分用地，前院天井和中心天井的存在不仅可以采光，也可以作为户外活动场所和排水场地。另

（图4-46）中心天井

外4个天井都较为狭长，没有庭园绿化，地面处理不宜于户外活动，主要用做采光
和排水场地。

（图4-47）月井

■ 楼梯、给排水设施

安贞堡的楼梯共有7个，位于核心四合院与外围部分交接的几个结点上：2个在前楼后檐廊两端，2个在上房前檐廊的梢间，2个在上房后檐廊的尽间，还有1个在右扶厝的中间，正对着桥厅。7个楼梯都是对折双跑楼梯，构造基本相同。楼梯梁是两块21厘米高、9厘米宽通长的木板梁，相距80厘米。木板梁的侧面挖卯口，踏板就插在卯口里面。踏板宽25厘米左右，厚3.5厘米。每步高18厘米，楼梯很陡，倾斜度将近45°。楼梯两边没有扶栏，上方的楼梯口1平方米大，也没有护栏或栏板，看起来比较危险。也许是楼梯的使用并不频繁，至今踏步和木板梁都没有发现弯曲、下陷或明显磨损的现象。（图4-48）

安贞堡大部分楼梯间的光线都不好，尤其是前楼前檐廊两端和上房前檐廊两端的楼梯口和休息平台，四周没有一点采光，黑漆漆一片，伸手不见五指。只有上房后檐廊两端的楼梯有点特别，在休息平台顶上有一个采光的朝天洞口，使得休息平台和上下梯段略见光明。（图4-49）洞口上方有屋檐遮雨。这组楼梯为内眷和家人常用，没有其他楼梯那么陡。楼梯间在外形上像个小小的阁楼，给后院建筑群添设一个层次，形成了一个可爱的小对景。

土堡主要的流动水源来自西南角，是坤位，去向东北角，是艮位。屋面的雨水经檐口滴水和屋角水沟自由滴入天井里，天井大都随着地势西高东低、中高周低，其四周有浅浅的明沟将雨水汇集后引水东流进前院，然后导入前院天井东侧的排水口，由一条暗道排至堡外禾坪，最后汇禾坪周围的明沟积水一起排到北侧堡门外的鹅池里。

中心天井的排水线路设计得最为讲究，按风水术数，水源携带财气，需缓缓流出且有曲折。中心天井周围都是全宅最重要的房屋，雨水落下后缓缓流入天井东侧一个地理师定好了方位的排水孔，孔门上刻有一个螃蟹的形象，号称"铁甲将军"，守住财气。接着，流过排水孔的雨水还要流过根据风水设计的水道，聚集在一个预埋在下堂地下的水缸里，缸满后再将溢出的雨水从前院天井排出。因此，缸里始终有水，虽然谁也看不见，但却让主人心里特别踏实。据说安贞堡的下水道中安放了多只乌龟，乌龟会四处游动又能吃掉食物残渣，可以疏通淤沟。

（图4-48）楼梯间内景

（图4-49）楼梯间屋顶采光口

四·安贞堡的装修与装饰

安贞堡的装修和装饰手法比较多样，题材灵活自由，很有地域特色。装饰题材多取自民间，以动物、植物、器物、几何纹样和文字为主，如蝙蝠、仙鹤、麒麟、鱼、龟、鹿、鸳鸯、草龙、草凤、鸟雀、螭虎、梅、兰、竹、菊、松、桃、莲花、云、草、宝瓶、扇子、如意、暗八仙、寿字花纹、万字花纹和人物等等，组合成一些吉庆祥和的大众喜好的图案，运用形象、颜色、谐音的比拟，相互组合，构成一幅幅完整的装饰图画。堡内的装修与装饰主要包括三个部分：大木装饰，小木装修，石雕、灰塑和彩绘。

■ 大木装饰

安贞堡的大木构架包括柱、梁、穿、檩、枋、椽板、吊筒、垂花柱、雀替、斗栱等组成部分，其中枋、吊筒及其两边的穿子、垂花柱、雀替和斗栱上，木雕比较丰富，而且集中在入口和中心天井附近的建筑上，柱子全部露出木质，没有任何彩饰，梁身也不施雕饰。

① 枋、吊筒和穿子

上堂明间前檐左右两榀梁架的随梁枋上雕刻出精美的双凤戏珠图样，两边各一条龙托起正中间一颗宝珠。祖堂明间前檐左右两榀梁架的雀替雕刻成鱼龙与凤的图样，随梁枋的雕刻以花草为主题的图案，花木枝繁叶茂，表达了子孙繁衍、家族欣欣向荣的愿望。

有的吊筒将下段的1/3雕刻成琴面，有的雕刻成宫灯的样子，有的吊筒骑在驼峰上，驼峰雕刻成莲座，大部分吊筒无装饰化处理。吊筒两边的穿子不承重，在形式上有较大的发挥余地，成为了装饰的重点，雕刻成花、草、扇子、如意、草龙、草凤、鸟雀、螭虎和鱼等纹样，在白粉壁的衬托下，形成一幅幅玲珑剔透的图画。（图4-50～图4-52）

（图4-50）上堂前檐双凤戏珠

（图4-51）梁枋装饰

（图4-52）吊筒与穿子

❷ 垂花柱柱头

安贞堡内大部分梁架前后檐都出挑垂花柱，垂花柱头大都宽约20厘米，高约30厘米，有圆截面、方截面两种。垂花柱头被雕刻成宫灯、花灯、莲花、绣球等多种样式，而且越靠近上堂、祖堂的越华丽、雕刻越精致。（图4-53）

（图4-53）垂花柱

③ 雀替、斗栱、垫木

　　安贞堡内只在上堂明间梁架上有四组雀替，雕刻成兰草、喜鹊、鱼龙、菊花的图样，并且施以红色、绿色、白色和墨色的漆，强化了雀替的装饰效果，为上堂明间增添了几分华贵。斗栱也是装饰性的丁头栱，仅在重要厅堂的前檐采用。如祖堂前檐柱向外出两跳丁头拱承托挑梁头，挑梁头雕刻成卷云和花卉的样式，承托起垂花柱。祖堂前檐廊屋面下做了个卷棚轩，卷棚下的两块斗状替木雕刻成花草和螭虎的透雕。（图4-54～图4-56）

（图4-54）上堂厅雀替

（图4-55）祖堂前檐廊丁头栱

（图4-56）祖堂前檐廊下替木

■ 小木装修与装饰

安贞堡的小木装修与装饰表现在门、窗、花罩、栏杆栏板等部位，主要集中于核心四合院周围。

❶ 门

安贞堡内的门有5种门。一种是防御性很强的堡门，门板厚20多厘米，外侧包着铁皮，上有排列规则的门钉，铺首位置有铸铁门环。一种是院落大门，有两扇，位于下房门厅和前院倒座门厅中，门板厚10多厘米，外侧绘有门神，铺首也比较精致。一种是作为房间入口的双扇槅扇门，如厢房和下堂间的房门，门高2米多，宽1米多。门扇上雕刻着各种图案，雕工精细，构图完整，花瓣、树叶、羽毛和人物的衣褶，都清晰可见。一种是单扇板门，大量用在扶厝、围屋和前院倒座的房间入口处。板门高2米多，宽1米多，门板上没有任何雕饰。还有一种比较特殊的礼仪性槅扇门，位于上堂前檐廊左右两侧的墙上。门扇一大一小，靠近前檐的门扇略大，门板上半部分雕刻着精美的图案。靠后的门扇较小，门板上半部分刻字，描述着前扇门板上雕刻画的主题。左侧门上刻着"平安竹报全家庆"，右侧门则是"富贵花开满室春"。画和字都采用浮雕方式，金色的花纹，绿色的底。这两扇门很少开启，没有交通功能，纯粹是上堂的装饰。（图4-57～图4-60）

（图4-57）
二进院落大门文门神

（图4-58）安贞堡堡门

（图4-59）前楼门厅武门神

（图4-60）上堂礼仪门

❷ 窗、罩

前院四周的房间每间开一扇窗，正中双扇平开窗较大，槅扇上雕刻有鸟兽花草图案，其他各间窗都较小，做成长方形、圆形或扇形窗洞，窗扇上雕刻出不同的格子图案。下房的前檐墙面向核心四合院，明间的窗子上雕刻非常精致，次间只有方形窗洞，窗洞下端装有60厘米高格子状围栏。（图4-61～图4-63）

祖堂前檐正中有个花罩，上面的雕刻最为精致。花罩上段是五块走马板，每块都雕刻出一幅画，中间一幅是双马图，旁边四幅是梅、兰、竹、菊。罩面为一圈木雕，罩门左右各有一面窗扇，雕刻着草龙、草凤和花草植物。次间有槅扇窗子，窗子的上段是三块走马板，上面雕刻着牡丹花叶和草凤。窗扇有四，中间两扇较宽，雕刻着松、竹，旁边两扇较窄，雕刻着草龙和草凤。最后，花罩和窗扇都漆上了彩色。

围屋和扶厝的窗户较小，一般为平开槛窗和鲨叶槛窗。鲨叶槛窗是福建地区民居常用的一种窗，它有两层窗扇，都由一排4厘米宽、间距净空4厘米的木条做成。外面一扇窗扇是固定的，里面一扇窗扇是左右推拉的。推拉窗底下有一条槽，只要推拉窗左右移动一个窗棱宽度（即4厘米），木条就正对上外头固定窗的缝隙，或者正对上外窗的木条，这就关死或打开了窗户。因此推拉槽用不着太长，只需比活窗长一个窗棱宽度即可。

（图4-62）祖堂明间花罩

（图4-63）祖堂前檐花罩及窗

❸　屋脊、壁画和石雕

　　安贞堡内留存有丰富的脊饰、壁画、彩绘、灰塑和石雕，它们大都分布在前院天井、中心天井四周，这里是主人停留最久的地方，也是宅中最重要的观赏位置。

　　除了角楼为四坡的形式外，安贞堡建筑的屋顶全都为悬山屋顶。普通民居屋脊上只扣几层瓦片，压住两坡屋顶瓦陇的上端即可，安贞堡的屋脊用专门的脊砖砌成，内埋铁筋，外包泥灰，两端翘起纤长高挑的燕尾，使屋脊显得玲珑轻快，富有动感。（图4-64、图4-65）有的燕尾上还绘有花纹装饰，有完整的人物故事图案。上房的屋脊两侧都饰以灰塑彩绘。安贞堡前低后高，层次复杂，屋顶错落，优美的燕尾层层叠叠，飞扬而起，使整个建筑轮廓异常活跃而富有动感。

（图4-64）屋脊

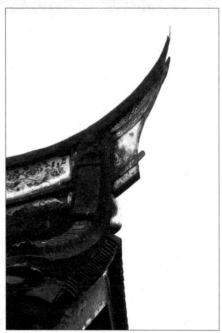

（图4-65）安贞堡的屋脊

安贞堡中有较多的壁画，多采用白描勾底略配彩绘的画法，题材有《三国演义》、《西游记》、《封神榜》、《水浒传》等小说以及戏曲中的故事，也有麒麟献瑞、孔雀开屏、牡丹吐蕊、腊梅迎春以及其他民间传说的吉祥题材。（图4-66、图4-67）每幅画都有边框，构图上自成一体，内容上互相联系，宛如一幅幅展开的连环画，具有较强的装饰效果。有的壁画中，部分人物、动物、山石或树木还用灰塑突显出来，使得画面层次分明，更有立体感。壁画集中在中心天井四周建筑的一层腰檐上，这里光线充足，充分展示出彩绘鲜艳的色彩和灰塑有层次的光影效果，为天井增添了不少生动和华丽的气氛。

其中比较有特色的如：

"喜蛛降瑞，五福招来"：位于下房明间二楼前檐，由两幅壁画组成，一幅为一个仙童脚踩芭蕉，手持扫帚，眼望一只垂挂的蜘蛛。在民间，蜘蛛有"喜子"、"喜母"或"喜虫"的别号，蜘蛛悬网的瑞图具有喜从天降的象征。另一幅为一仙童足踏葫芦，手执芭蕉，把五只蝙蝠放进葫芦中，"蝠"音同"福"，蝙蝠又象征长寿，五蝠即代表"寿、富、康宁、攸好德、考终命"之五福。图画的寓意反映了宅主趋福避祸的良好愿望。

"指日高升"：位于前院天井的左扶厝二楼前檐。图中画一老叟和一童子，上方一轮红日。老叟一只手指着上方，童子仰头观看，意为升官晋爵指日可待。

"魁星点斗"：位于前院天井的右扶厝二楼前檐，与"指日高升"遥相对应。形象为一赤发蓝面之"鬼"，左脚向后跷起如大弯钩，是为魁星。"鬼"独立于鳌头之上，一手捧斗（跷脚之"鬼"加"斗"即为"魁"），另一手执笔（用笔点定科举中试人的名字），祈愿独占鳌头、高中状元。"魁星点斗"下面是"喜鹊登梅"，期望应试者金榜题名，鹊儿报喜，喜上"眉"梢。

另外还有"姜太公钓鱼"、"刘备招亲"、"空城计"、"白马驮经"、"三顾茅庐"、"舜耕历山"、"麻姑献寿"、"鲤鱼跳龙门"等。据永安市博物馆长张承忠先生的不完全统计，堡内约有大小彩绘和灰塑50处。安贞堡建成后，池占瑞的好朋友延平知府叶辛第曾在堂前题诗："一庭花鸟王维画，四壁青山杜甫诗"，说的就是这堡内彩绘的繁荣景象。

（图4-66、图4-67）安贞堡的壁画

安贞堡的石雕不多，集中在堂屋周围。（图4-68～图4-70）上堂屋明间有六棵柱子有高约30厘米的须弥座状的石柱础，上下分成上枋、束腰、下枋三段，雕刻十分精致。上堂两棵前檐柱下的柱础最显眼，光线最好，正对堂前台阶——观赏角度也好，故雕刻也最精致。柱础为八边形，顶面有一些连续的如意头浅浮雕纹样。上枋的八面有八块深浮雕，其中四个面表现的是"渔樵耕读"，另四个面表现的是喜鹊登枝、麒麟送子、富贵花开、灵龟献书，形态十分生动。束腰八个面上有小块的浅浮雕，其中四块雕刻着暗八仙，四块雕刻着桃叶、佛手等吉祥的植物图案。下枋的八个角上，浅浅地雕刻了蝠（福）、蝶（耋）的图样。

上堂两棵下金柱下的柱础为圆形，顶面有连续的卷草花纹，上枋立面上有四幅独立的深浮雕：姜太公钓鱼、武松打虎和两幅喜鹊登梅，每幅浮雕的边缘有浅刻的画框，每两幅浮雕之间有一个浅刻的"寿"字。束腰上浅刻着"万"字不到头的连续花纹，下枋比较简单，只有两圈线脚。

上堂两棵金柱下的柱础也是圆形，顶面有连续的卷草花纹，上枋刻成瓜瓣模样，束腰浅刻出菊花、兰草等花纹，下枋非常简单，连线脚都没有。檐柱下、下金柱下和金柱下柱础雕刻的题材和手法差异完全符合于观赏条件的差异，很用心。另外，中心天井正中台阶的垂带上有花草纹样的浮雕。

（图4-69）石雕柱础（二）

（图4-70）石雕柱础（三）

五·总结

从建筑构成的角度观察，安贞堡的格局主要有三部分："口"字型核心四合院、外围部分和连接部分。

核心四合院包括上房、下房、厢房、中心天井和厨房、餐厅、浴厕，位于土堡正中央，占据了全堡1/3以上的面积，依中轴线完全对称，是池家最重要的礼仪中心、会客中心和生活中心，也是安贞堡建筑群的构图中心。装修装饰重点也集中在核心四合院内，这里在全宅地位最高，使用和观赏的频率最高，观赏角度最佳，光线也很好。其他部分除了下堂厅和前院倒座门厅外，基本上都不施雕刻，装修质朴、明快、简单。（图4-71）

外围部分主要包括扶厝、围屋、前院、前楼、碉楼和围护墙，这些部分将安贞堡的核心四合院完整地包围起来，起到了很大的围护和辅助作用。前楼、围屋、扶厝的楼上都有前檐廊和后檐廊，楼下都有前檐廊，这些走廊连接起来，形成内外三圈畅通的走道，上下两个内圈走道长50多米，连接核心四合院外的所有房间，外圈走道长70多米，是防御时对敌作战的交通要道。围屋和扶厝的二楼都有房间可与外圈走道相通，以便作战时运输物资。（图4-72、图4-73）

连接部分位于核心四合院与外围部分之间，由连廊、桥厅和天井组成。连廊只有一处，在上房和围屋的龙厅之间，是个单层廊子。

安贞堡的建造年月虽然已经跨入近代，但其设计思想和设计原型仍然是围龙屋的延续。比较一下安贞堡的平面和西华片一般围龙屋的平面，安贞堡仍然具备围龙屋的基本组成要素和几个典型特征：核心的堂横式合院、扶厝、围屋、桥厅、侧天井。全宅中轴对称、主次分明，厅堂与天井相结合的布局，空间外闭内敞，具有防御性。

只是安贞堡根据自己的实际地形、经济条件、主人建房的需要，对围龙屋有所改造。与普通围龙屋相比，安贞堡的不同之处主要有：

❶ 安贞堡规模比普通围龙屋大很多，房间的数量、大小、层高都比一般民居大，整体的空间尺度显得大而开敞。

❷ 楼高两层，屋顶高度、院落尺度与一层平房显然不同，安贞堡的整体造型更显雄伟，更有体量感。两层楼的建筑，比单层的围龙屋多了许多结构和构造上的手法，屋架错落，结构富有层次，使空间非常的丰富。

❸ 安贞堡建有一圈非常坚固而封闭的围护墙紧贴着全堡外侧，具有强大的防御能力。[①]

❹ 平面布局上，安贞堡没有将厨房放在扶厝里，而是建在上房的尽间和厢房外侧，使扶厝能够更好地与围屋、前楼衔接起来，围护更加整齐、完整。但是，如此布置厨房也遮挡了上房"一直"的光线，使"一直"里的卧室采光和通风效果极差，长期以来里面很少有人居住。

❺ 作为村中第一幢二层住宅，安贞堡的二层构造方法有些创造，它的二层采取了分层结构方式：上下层柱子各成体系而没有使用通

柱，上层柱子浮搁于楼板上，楼板铺在楼板梁上，上层的重量完全传递给下层的大梁，再传导给下层的柱子。上下柱大部分对齐，局部错开。如果堡内的柱子都做通柱，大致需要400多棵通长9米左右的木柱，这么多棵柱子的取料相当困难；如果将结构分成上下两层，用料适中，洋头村附近成片的山林完全可以提供木料支持。

可以说，安贞堡是围龙屋的发展和变形，它继承了西化片传统围龙屋堂横式格局的主体，在两堂两横加一层围屋的传统围龙屋基础上，加倒座，加二层，再在上房和围屋的龙厅之间加了个单层廊子，成为村中传统住宅中最特殊的发展范例，同时也是最大最坚固也是最壮观的典范。时至今日，村民们祭祀过世长辈所扎的冥屋，还取安贞堡的样式，他们说，因为这是村里最好的房子，希望亲人能够享受。

安贞堡自1899年建成后，池连贯及其子孙相继在堡中住了将近50年。1950年土地改革时堡内住家全部被搬走，1950年至1965年被乡政府征为粮库，1970年，安贞堡被分给洋头村的十三生产队，用来存放化肥、农具、粮食等物品。1980年，市政府开始重视起安贞堡的文物价值，将安贞堡清空，归属槐南乡文化站，由池家后代管理。1984年，安贞堡被永安市政府公布为首批市级文物保护单位，1991年被列为福建省第三批省级重点文物保护单位，对参观者开放，2001年被列入国家重点文物保护单位。

---

① 这道围墙的做法，包括它上面的廊道，与福建省华安县仙都镇大地村的圆土楼古民居之杰出代表"二宜楼"完全一样。

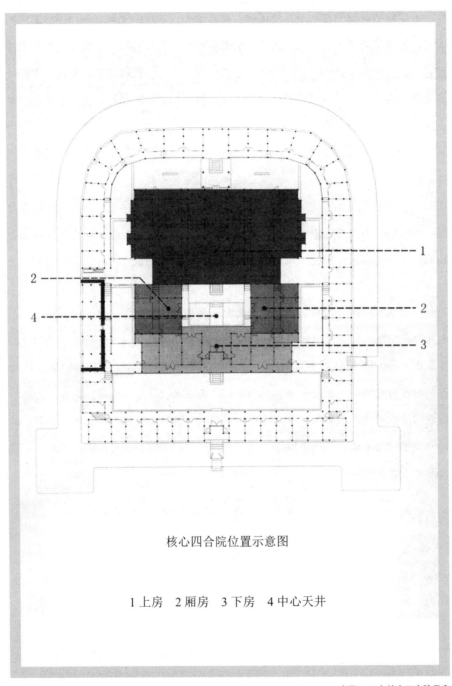

核心四合院位置示意图

1 上房　2 厢房　3 下房　4 中心天井

（图4-71）核心四合院示意

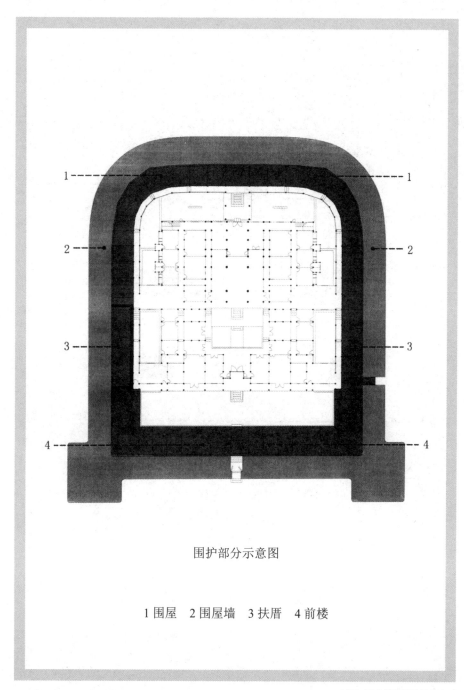

围护部分示意图

1 围屋　2 围屋墙　3 扶厝　4 前楼

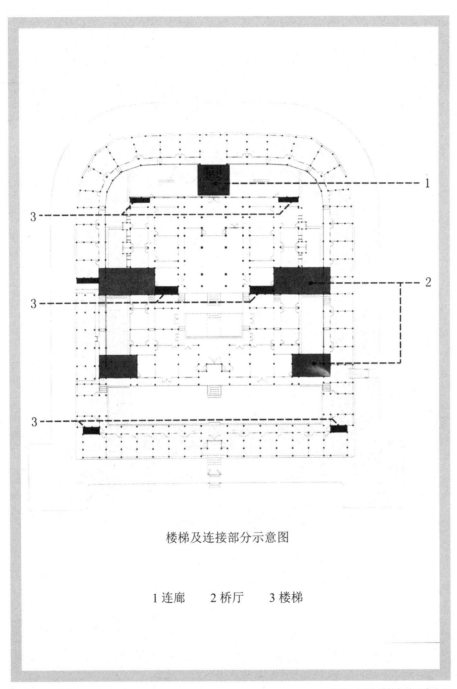

楼梯及连接部分示意图

1 连廊　　2 桥厅　　3 楼梯

楼下村位于福建省福安县溪柄乡，这里四面环山，村子坐落于一块山间盆地的西南边缘。楼下村村子不大，是一个以刘姓为主的血缘村落，全村约有1 400多人，全村住宅由一栋栋木构大宅组成，共计30多幢。虽然有30幢大宅，但大同小异，其实形制只有一种。（图5-1～图5-3）

---

① 本文根据陈志华著《楼下村》（"中华遗产·乡土建筑"丛书，北京，清华大学出版社，2007）有关章节改写而成。

0　　　　40米

（图5-1）福建福安楼下村住宅远望

（图5-2）福建福安楼下村住宅

（图5-3）楼下村东北部大型住宅群

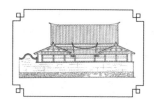

一·大宅形制及特点

■ 主体部分

楼下村大宅的主体部分很大，有五开间，明间在4.8米左右，次间3.2米左右，梢间则约有3.8米。进深也很大，前后檐柱间大约有15米，十三檩或十五檩，屋顶因而又大又高。每榀梁架常有10棵以上的柱子。和绝大部分地区的住宅一样，它的布局也是对称的，以厅堂为中心。因为进深大，所以厅堂和次间卧室都分为前后间，一半朝前，一半朝后，前后各有一个院落。梢间很特别，分为3间，而且面对左右两侧，又以中央1间为厅堂，它们前面是一个小天井。

划分前后厅堂的是太师壁(本地称中庭壁。宽约2.5米，高约5.5米)和它两侧的门。每侧有两个门，一个比太师壁退后将近2米而与太师壁平行，叫"太平门"，一个与它们成直角，把住它们之间的空隙，叫"耳门"。平日只走耳门，太平门在丧事中才用。走耳门，从前堂望不到后堂，保持了后堂的私密性。前堂比后堂进深大，从太师壁到前檐柱，大约是8米，从太平门到后檐柱大约是5米。明间和次间在前后都有檐廊，前廊宽阔敞朗，后廊在次间有槛窗。次间前半的卧室(叫厅堂间)向前堂的前部开门，后面的卧室(叫后堂间)向后廊开门。住宅主体部分的中央三间如此明确的分为前后两半，这种做法当地叫"一脊翻两堂"，因为它们同在一个前后坡的屋顶之下。而很有独立性的左右梢间则各在披厦之下。

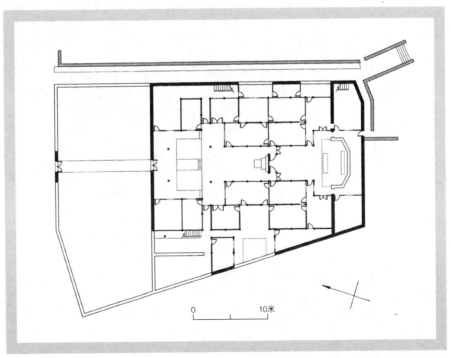

主体的前面不一定有厢房(叫护厝或廊庑或偏间)，如果有的话，多为2间，少数为3间。与前堂相对，另有5间"下座"，它中央1间为大门厅(叫下堂)。门厅里有屏门(叫下庭壁)。下座的梢间与两厢一起构成3间一组，以中央1间为厅堂(叫廊庑厅)。这样就围合成了一个前天井。天井大约左右宽8.5米，前后深4米多。地面低下60厘米，像个大池子。主体的后面则一定有两厢，各有两间，靠前的一间与后檐廊连通，是饭厅，又叫"通行厅"，它前后都采光，是住宅中重要的起居空间。靠后的一间是厨房。厨房与饭厅合称为伙厢。左右伙厢完全相同，它们之间是后天井。后天井之后，紧贴着后墙有三间"倒回廊"，左右连着两侧的厨房。倒回廊的中央一间也是厅，隔天井与后堂相对。有些人家，倒回廊前筑一道照墙，把倒回廊完全遮住。后天井里有井，井口设环形石井栏。许多人家，在后天井里架石条几陈列花卉盆景。（图5-4～图5-11）

0　　　　　　　10米

（图5-4）保合太和宅一层平面

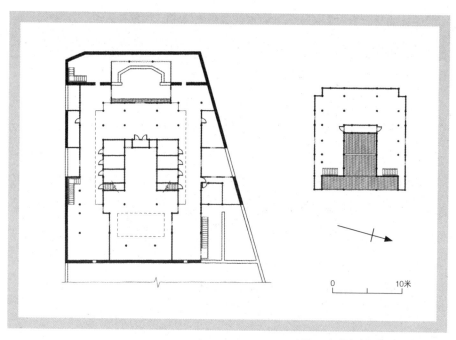

0   10米

（图5-5）保合太和宅二层、三层平面

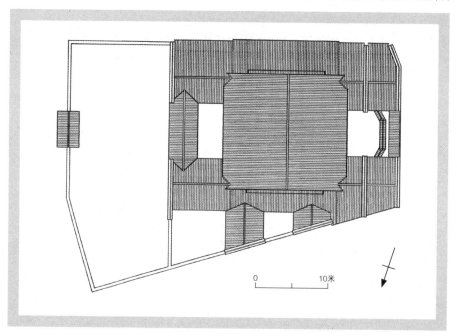

0   10米

（图5-6）保合太和宅屋顶平面

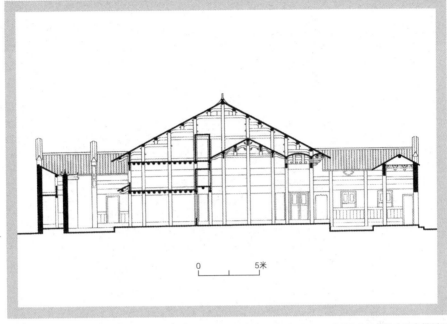

（图5-7）保合太和宅纵剖面

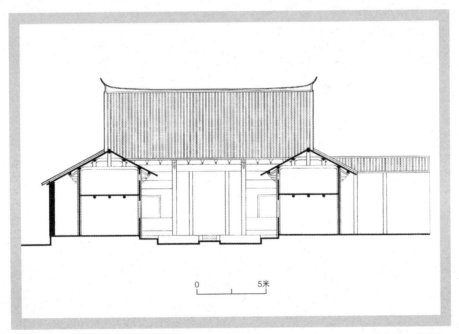

（图5-8）保合太和宅一进横剖面

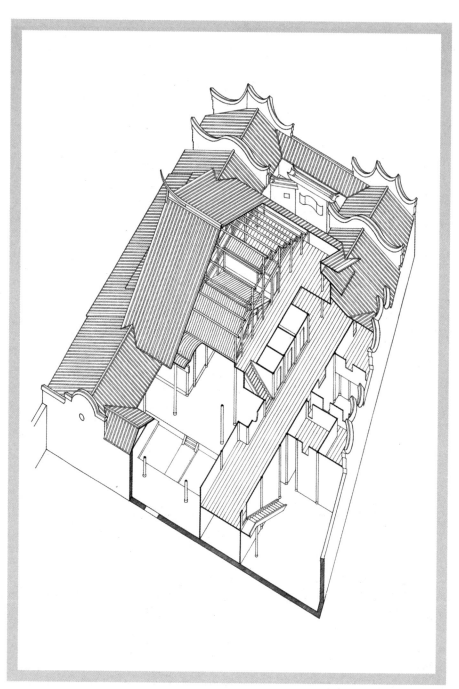

（图5-9）楼下村保合太和住宅剖轴测

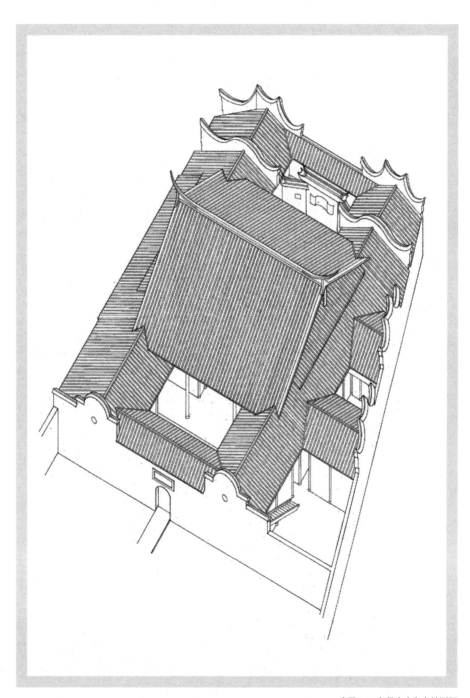

（图5-10）保合太和宅轴测图

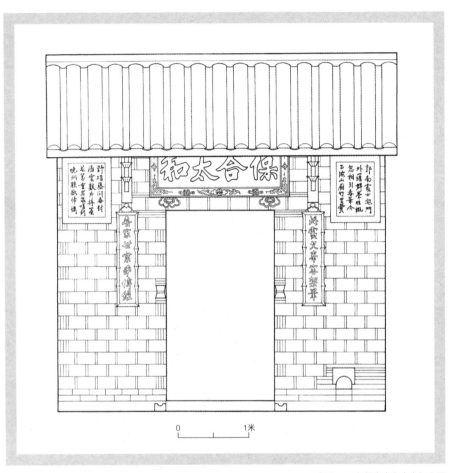

（图5-11）保合太和宅大门立面

　　主体的梢间面向两侧，三间统称"厦间"。中央称"厦客厅"或"书厅"，另两间分别为"厦前间"和"厦后间"。后间与饭厅相通，前间有门开向前檐廊。厦间是一个完整的生活单元。前堂是礼仪中心，过于庄严肃穆，平日不大有人爱去。后堂则过于阴暗压抑，也不适合于日常活动。而厦间则尺度适中，宁静亲切。家庭活动和接待亲近客人都在厦间。我们到各家去调查访问，去测量摄影，最爱在厦厅里坐一会儿。厦厅前的小天井常常做成一个大鱼池，对面是一方装饰精巧的照壁。燕子已经飞走，但梁上尚留空巢。坐在厅里，体味着"细雨鱼儿出，微风燕子斜"

的逸趣，真是一种享受。因此，这样的大宅，可以看做是左右两套生活单元背对背构成的。从前天井到厦间去，经过梢间与前厢之间的夹弄，叫"三门弄"。兄弟分家的时候，大宅就从中轴线上一剖为二，厅堂公用。20世纪50年代初期，土地改革的时候，大宅也是这样分给两家穷人的。不过当时楼下村无房穷人很少，所以多分给狮峰寺前面的田头峰人。但田头峰在3里以外，住在楼下村下田劳作太远，而且外村人住在楼下村也觉不方便，楼下人便又陆陆续续把房子买回来了。

■ 楼层处理

楼下村大型住宅很重要的一个特点就是它的楼层处理。它的主体部分一共有三层。底层高约2.85米。前堂高两层有余，有个在大屋顶之下的前后两坡顶，叫"重栋"，正脊高约7米。因此，二层缺了前堂这一块。后堂的高度便是底层的高度，二层楼面在这里平盖过去。三层全包容在大屋顶里面，缩为三开间，二楼的梢间就由山面的侧向披檐覆盖，这披檐叫"厦栋"。三楼中央有前堂的重栋凸起，所以面积不大。但重栋精美的梁架给了三楼极好的装饰。前厢、后厢、下座和倒回廊也有两层，一幢住宅的总面积在1 100～1 200平方米左右，所以我们称它们为大型住宅。

二楼高约2.3米。一般全部通敞，不作分隔，是一个大大的晾谷场和家庭作坊。设置着"风轮"(即扬谷的风车)、砻(脱谷壳用)、石臼、石磨、织芒机和酿酒的全部设备。我们在楼下村工作期间，正值秋收，家家二楼铺着十几厘米到30厘米厚的新谷。二楼面积将近300平方米，一家人不过种三亩来田的稻子，一季亩产千把斤，在二楼晾开，面积足够了，所以田间几乎没有晒场。我们只在南山村和楼下村之间的一块田里见到铺着竹席晒谷。秋收季节，闽东多雨，我们在楼下村工作期间，20来天，只有一天是完全的晴天，在住宅的二楼晾谷，很适合于当地的气候。除了晾谷子，二楼便是各种家庭作坊，有一家正在酿酒，我们满有兴趣地去看了一看，每人被款待了一碗糯米饭。

在二楼，紧贴着前堂上部的左右，各有3间谷仓。后面还有2间仓房。为了防鼠，谷仓内，板壁和天花都抹一层加料三合土，地板上先架一层木板，再在上面铺一层砖。晾干了谷，用"风轮"扬净，就近进仓，十分方便。仓内谷子是散装的，仓门不用闸板，所以一仓装不了多少，大约是800～1 000斤，但也足够了。因此谷仓有空着的。农民交了公粮，粮站并不收走，就存在他们家的谷仓里，粮站只管贴上一张封条就可以了。这也说得上是"藏富于民"罢。

二楼的梢间，前后墙上都有对外的门洞，门前并没有楼梯，也没有其他任何设施，连遮拦都没有。我们见了，越看越纳闷儿，这门是做什么用的呢？村子里年轻人没有见到过这门的使用过程，所以回答不出我们的问题。后来，村老人会会长刘汝仪(1922年出生)说，以前有些人家田多，到晾谷子的时候二楼不够用，要在外面搭一个高高的台子(叫坪)，这门就是为到台子上去用的。仔细一看，门槛都快磨光了，显然有时也从这门洞上下吊很重的箩筐。建筑是直接为生活服务的，生活的每一个变化都会在建筑上留下一个谜。要猜透这个谜，唯一的办法是去了解当时的生活。（图5-12～图5-17）

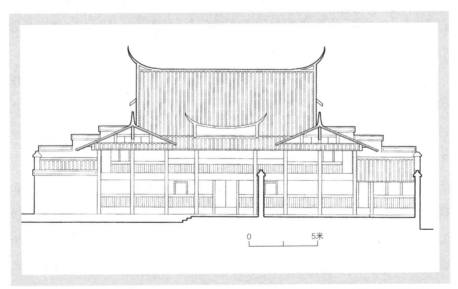

0   5米

（图5-12）楼下村两兄弟宅内立面

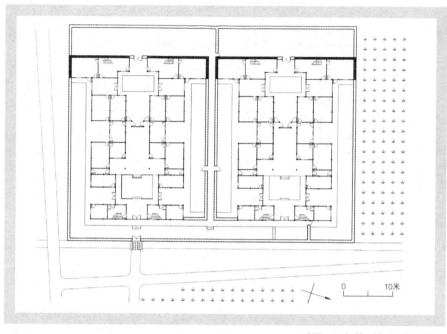

（图5-13）楼下村两兄弟住宅平面

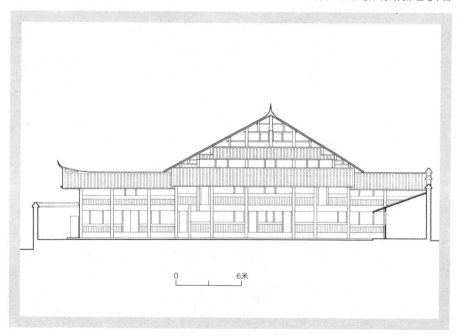

（图5-14）楼下村两兄弟宅侧立面

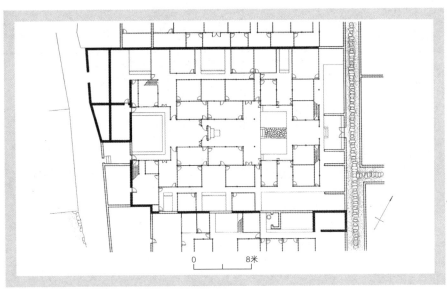

0 ___ 8米

（图5-15）刘圣宝住宅平面

0 ___ 1米

（图5-16）刘圣宝后天井照墙

（图5-17）刘圣宝住宅后天井照墙

　　三楼通常存放杂物，最常见的是木料。上面是裸露的屋顶结构。我们在不少
人家，看见二楼挂着沙袋、吊环，地板上放着石锁或铸钢哑铃。当地年轻农民喜
欢练武。据福安县文化馆编的《福安民间故事》(1982年出版)说：“清末，福安大
兴拳风，到处设拳馆，争相请拳师”，则这种风尚由来已久。可惜的是，现在有
一些地痞练了拳去压迫老实的农民，而老实农民练了拳也不能保护自己。①

　　大型住宅中楼梯的位置和做法很符合住宅的特点。它们左右对称各有两个，
有利于分家。有两个楼梯安置在前部，以在主体部分前檐廊两端居多，便于挑谷
子上楼，另外两个在厨房里，便于酿酒等劳作和主妇上楼取米或做各种家务。为
了挑谷子上楼安全、省力，楼梯踏步比较宽，有78厘米，楼梯间的宽度在1米上
下。也比较平缓，每个踏步高16～17厘米，阔30厘米左右。

---

① 　清雍正十二年上谕：“朕闻闽省漳泉地方，其俗强悍，好勇斗狠，而族大丁繁之家，往往恃其人众力盛，欺
压单寒，偶因雀角小故，动辄纠党械斗，酿成大案。”(见乾隆《福建通志》)虽说的是漳泉地区，可以参考。

（图5-18）楼下村住宅（一）

（图5-19）楼下村住宅（二）

（图5-20）楼下村住宅封火墙

■ 房屋结构

楼下村大宅总体上整座房子都是木结构的，没有砖、石，很少夯土。以穿斗式结构为主，补充以抬梁，所以一榀排架有10棵左右的柱子。内墙、外墙一律用板壁。上部，如檐下，如山墙，在结构构件之间，则用编竹堵空，上抹白灰。楼板也是木的，有两层，楼板梁比较密，后厅上方就有15根梁之多。（见上页图5-18～图5-20）

木结构整体很朴素，不过也有几处很有装饰效果的处理。

一是厅堂前檐廊上的卷棚轩，当地叫"滚廊"。檐枋外，与卷棚轩的外侧底边同高之处，又跨出一排弧形的椽子，另一端架在挑檐檩(叫随桁)上，它们与卷棚轩组成一个很美的前檐。挑檐檩由檐柱上三出的插栱支承。在住宅的院门上，也多用几跳插栱支承挑檐。插栱是福建的常见做法，轻快而简洁有力，曾经在13世纪随佛教徒传到日本，形成日本建筑中的"天竺样"，典型的作品就是雄壮的日本奈良东大寺大门。①楼下村刘氏的大宅，在挑檐檩上还有雕刻精致的"吊筒"，一一垂下，吊筒之间又有一道窄窄的雕花板，造成更华丽的前檐。"吊筒"很像垂莲柱。

二是房屋一周圈，也包括天井四面、厅堂里和大门厅里，板壁墙的上槛之上，檩条之下的位置上，有一排"对树花""斗枝花"。它的做法大致是，先安一块挖出一列半圆空隙的木板，在每个半圆空隙里再镶一块雕刻，用编竹抹灰堵上这块雕刻所余的空隙。白灰衬托出雕刻来，这雕刻是两枝叶子纤纤而茂盛的树枝，一边一枝，对称，所以叫"对树花"。繁密细碎的"对树花"与素朴的结构对比鲜明，在檐下有如一条玲珑的编织花边，很生动。（图5-21、图5-22）

---

① 闽西各县，如永安，住宅下部架空，板壁的木板水平叠架，明显有干栏式建筑的遗风，且高度很低，檐口只略高于1.8米。韩国和日本的住宅十分类似，显然受到影响。

（图5-21）厅堂木装饰

（图5-22）住宅三层的打谷场

　　三是前堂和大门厅的两侧，坡屋顶下结构上部的三角形部位，穿斗架上的"穿"做得像流云一样灵巧，飘逸。又像舞蹈家轻柔地游动着的玉臂。结构的空隙用编竹填充，抹上白灰，因此木结构清晰地呈现出来。它们理性的逻辑条理与构件的柔美灵动相结合，尤其动人。可惜如此优美的"穿"被称做"猫袱"，大约它有点像猫要扑鼠时的姿势，前身下伏，后身弓起，蓄足了力量，即将弹射而出。（图5-23～图5-27）

（图5-23）住宅二层的粮仓　　　　　　　　　　　（图5-24）垂花柱

（图5-25）住宅梁架

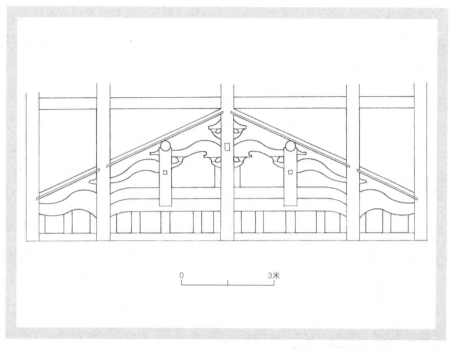

（图5-26）保合太和厅堂"重栋"梁架

（图5-27）墙体、屋顶全部做好后，进行室内装饰

结构最美的部位是大屋顶的山面。这里层次最多，体积感最强，构图最丰富，充满了虚实、形体、光影、颜色和材质的对比。上面有屋脊端点尖锐锋利高高挑起的尾角，往下是悬出几乎有2米的前后坡屋面(叫"大栋")的侧缘，薄而且有一点刚刚能觉察的弯曲。从两坡的交点上，也就是三角形的顶点，垂下长长的悬鱼，当地叫"鱼板"或者"角鱼"。鱼板上刻着八卦等精致的浮雕图案和吉祥词，下端则是一对活生生的鱼。挑出的屋面像翅膀一样遮护着悬鱼后面的山墙。山墙上白灰衬托出栗色原木的穿斗架。下面是三楼壁上的一抹披檐，叫"小厦栋"，再下是二楼梢间的披檐，叫"厦栋"。小厦栋下开着三楼的窗子，小厦栋之上开着三楼的高窗。窗子外常常挂着洗干净了的衣衫，大多红红绿绿富有色彩。也有的在窗外厦栋上放几盆葱或辣椒，一簇碧绿，几星艳红，生趣盎然。这种山面，和流行于浙西、赣北、皖南以及福建省大部地区的马头墙大不相同，而与永嘉县楠溪江流域的民居很接近。永嘉与福安相去不远，那里有些村落的居民是早年从闽北举族迁徙过去的，在建筑上多少有共同之处。深挑的悬山和封闭的马头墙这两种不同的山面，对建筑的风格差异起了重大的作用。浙西等地的马头墙，轮廓活跃，天际线变化多端，但墙面呆板而且很封闭；楼下村与楠溪江中游房舍的山面，开朗、轻快、立体化而有通透感，更使人感到亲切。（图5-28～图5-33）

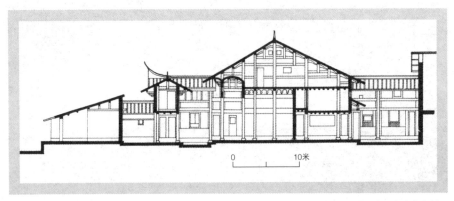

0   10米

（图5-28）王炳忠住宅剖面

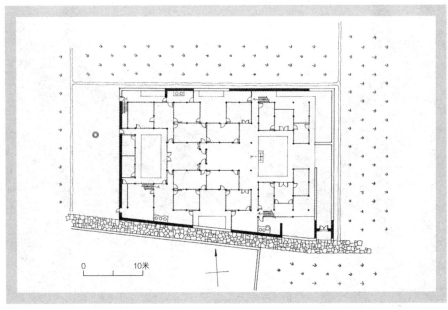

（图5-29）王炳忠住宅一层平面

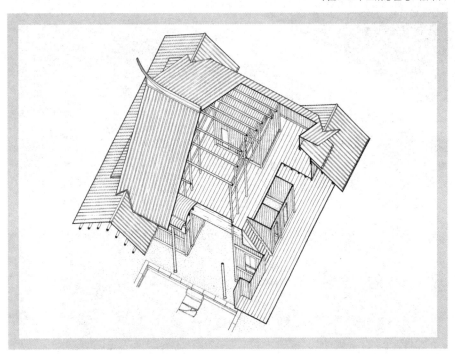

（图5-30）王炳忠住宅剖轴侧

（图5-31）从住宅厅堂看

（图5-32）住宅厅堂

（图5-33）厅堂太师壁及神橱立面

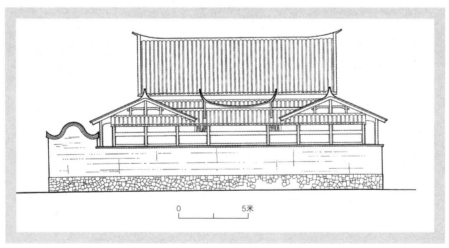

■ **墙体处理**

楼下村大型住宅的主体部分，常坐在一个完整的台基之上。台基是夯土的，高约60厘米。它位于住宅基地的中央而略略靠后一点。宅基地左右比台基宽出约四五米，前面宽出10米多，后面则与厨房的山墙和倒回廊的后檐取齐。基地四周围以大约3米高的夯土墙，在厨房后山，变化成"屏风墙"，这是一种形同火焰的山墙，四个锋利的尖子向上升腾，中央两个高，左右两个矮，尖子之间则是弧形的下凹。这种山墙叫"观音兜"，因为它的外形像妇女的胸兜。墙脊平压着几排青砖，有简单的线脚。如果扩建前厢房，则前厢的前山与院墙重合，屋顶则做轻快的悬山式。我们在楼下村只见到一座大宅，两厢前山做屏风墙，但不取火形，而是弧形的，脊也是弧形的，当地叫"虾蛄墙"。虾蛄是一种海产节肢动物，长约15厘米，弓身呈弧形，背也呈弧形，①乡民多用来下酒。以虾蛄给山墙命名，既形象化，又具有本地特色，很有乡土气息。（图5-34～图5-41）

0　　　　5米

（图5-34）溪南村吴京华宅正立面

---

① 闽东房屋，一般通行封火山墙，形式变化很多，且奔放流动，有如潮涌浪翻，显然也与海洋有关。楼下地属闽东，但很少用封火山墙，仅前后厢采用，不重要，且形式仅火形一种，房屋主体以悬山顶深挑，不用封火山墙。

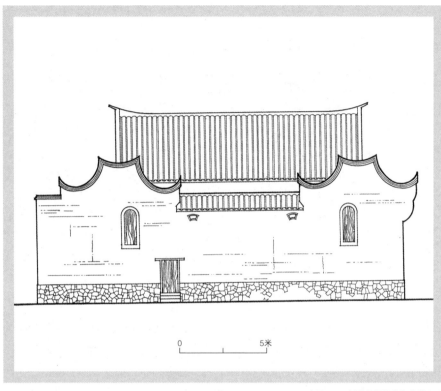

（图5-35）溪南村吴京华宅背立面

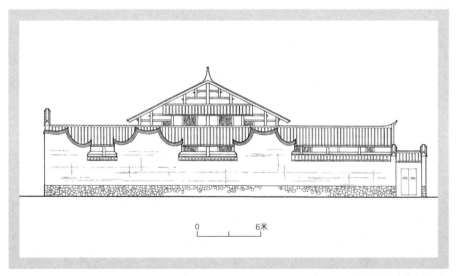

（图5-36）溪南村吴京华宅侧立面

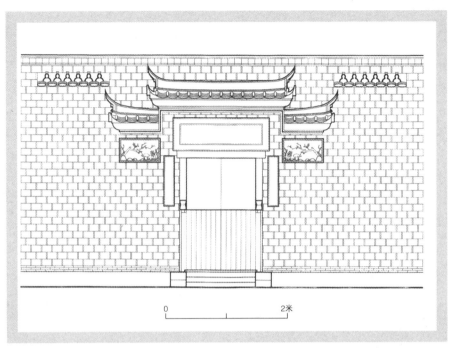

0   2米

（图5-37）住宅大门立面

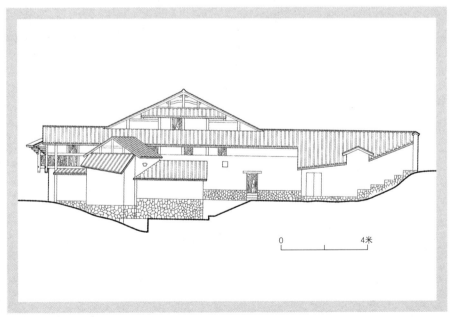

0   4米

（图5-38）王乃香住宅侧立面

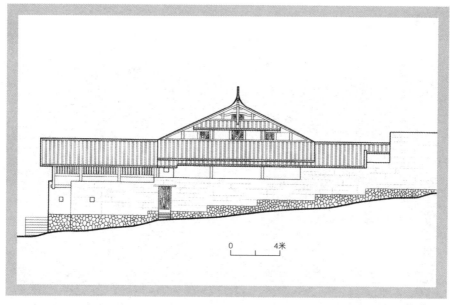

（图5-41）楼下村住宅屋顶及山墙

人口增多，则在主体部分两侧扩建"旁廊庑"。旁廊庑多为单开间，单层，如同厦厅前的两厢。它一端在厦间的廊下，另一端与侧面的院墙重合。这时候，在院墙上相应地要加筑屏风墙，多是火形的观音兜，以承檩条。有些住宅，有3个甚至4个"旁廊庑"，侧面院墙上相应的有3个或4个火焰式的山墙，金黄色的夯土院墙的轮廓因而非常活泼具有动感。它们与既轻巧又开朗的白壁、素木、青瓦的房舍相组合，无论是颜色还是形体，都在对比中和谐。院墙如同一个托座，把院门、廊庑和高大的主体连结成完整的构图，变化丰富而又统一。旁廊庑把两侧空地分隔成了一个个的小天井，厦厅前天井往往被一方鱼池占满，或者陈设盆栽盆景。后天井的雨水沟分两支从两侧阶砌下往前流，经过两侧的天井，用一道小堰与鱼池分开，但有闸门可以开启连通。鱼池小堰和水沟都是土筑的，不漏水。

据黄汉民先生论断，夯土技术是由几次自北而南的大移民期间被带到福建的。在楼下村，它的使用不多，大多被用来筑院墙、厨房和旁廊庑的山墙、倒回廊和下座的后檐墙，以及后天井的照壁。只有在刘圣宝住宅西侧的两幢大宅，即刘观成给刘彬和刘作搏造的两幢，在厨房和饭厅之间用夯土筑了一道封火墙。除院墙外，夯土墙一般都承重。这与北方和江南的砖墙只作围护之用不同。

院墙有前后门。后门多在厨房前侧出后院墙。没有前廊庑和前天井时，前院门比较简单，随墙式，上有木檐，进门便隔着院落正对檐廊、厅堂和檐廊两端的楼梯。有了前廊庑和下座，前院门就比较复杂，一般是石库门，上有披檐，左右有砖雕门联和题诗的砖框。式样也有定制。进门是个高敞的门厅。

我们初到楼下村时，就对当地的夯土技术发生了极大的兴趣。且不说二三百年的夯土墙巍然不倒，那些院门两侧的夯土墙，住宅的夯土台基，天井和堂屋的地面，鱼池、小堰和水沟，表面平整严实，坚硬而没有破损，我们用刀子划、凿、挖，都不能有伤于它。而且颜色金黄，鲜艳明亮。起初，没有找到一个人能告诉我们，这个表面是怎么做的。后来，我们仔细观察，才发现原来在这些部位，夯土面上罩了四五毫米厚的一层特别致密的黄土。但这面层是怎么配料的，又是怎么弄上去的，大概更没人知道了罢。幸好在我们的工作快要结束时，无意中遇到一位老年人，几十年前跟人夯过土。他说，当地的土是红壤土，很适合于夯筑，挖起来便能用，不必掺料成三合土。每夯到一定高度，先用铁铲修正墙面，再用大板拍打，使表面一两寸十分密实坚硬，然后用比较潮润的细土补缺、填洞，用小板拍实，最后再用大板拍打一遍。这样，墙壁就不大怕雨水冲刷了。至于台基表面、地面、鱼池和院门两侧墙面上那特别坚硬的一层，是抹上去的，就像抹白灰一样。这一层，是特殊加料三合土，用红糖、蛋清和糯米粉糊调水，均匀之后，再加入普通三合土中搅匀而成，抹上之后，半干未干的时候用小块硬木或磨石反复碾压，直至表面光洁，完成之后可以历久不损。这一层连料带工都很贵，所以乡谚说："一碗猪肉换一碗三合土"。[①]

■　局部装饰

大概是前堂里已经没有了家具和陈设的关系，我们走进一幢幢的大宅，看到高高的檐廊和空落落的厅堂，常常觉得有点儿衰败，有点沉重。能够减弱我们这种心情的，是那些精美的窗子和门，是它们的格心棂子图案和华板雕刻。

精美的窗子和门都在前天井周边和前堂里，也就是进住宅的人首先看到的地方。作为礼制中心的前堂与前天井构成一个完整的空间，这里是全宅的艺术中心，精雕细刻的门窗都环绕着它。最华丽的窗子是正屋次间卧室的窗，在前檐廊里，一边一个。其次是前厢房和门厅两侧次间的窗，也是每间一个。最华丽的门是前檐廊两端稍间的门，侧面朝向檐廊，与次间的窗挨近，成为一组。其次是厅内太师壁两侧的太平门。住宅内所有其他的门窗都很朴素。

次间卧室的窗是双扇菱花窗。窗扇之下还有通长的一块固定扇。窗扇分上下两部分，上面是天头华板，下面是格心。天头华板一般刻拐子龙、暗八仙、琴棋书画之类比较简单的浮雕，更引起我们兴趣的是刻字，每块上2个，少数刻4个。刻的字都很潇洒典雅，原刘彬住宅的两扇窗子，四个窗扇的天头华板上分别刻着"春游芳草"、"夏赏绿芍"、"秋饮黄花"、"冬吟白雪"四个字，下面是相应题材的雕花。（图5-42～图5-47）

---

① 关于福建的夯土技术，请参见黄汉民著《客家土楼民居》（福州，福建教育出版社，1995），及休嘉书著《土楼与中国传统文化》（上海，上海人民出版社，1995）。

（图5-42）厅堂间槅扇窗（一）

中国民居五书

福建民居

Chinese Vernacular Houses

（图5-43）厅堂间槅扇窗（二）

（图5-44）厅堂间槅扇窗（三）

（图5-45）厅堂间槅扇窗（四）

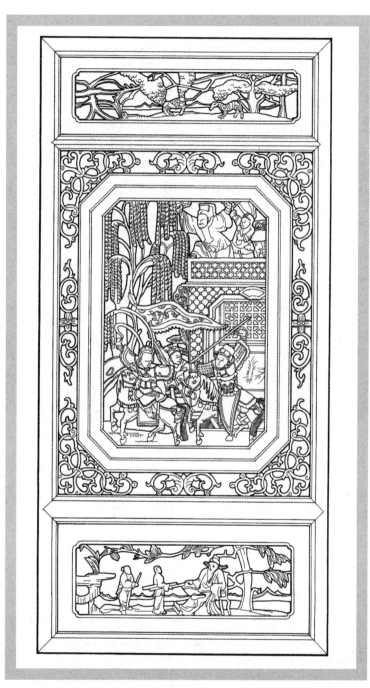

（图5-46）厅堂间槅扇窗（五）

（图5-47）厅堂间槅扇窗（六）

窗格心的构图变化很多，没有两家是同样的。我们在浙西、赣北、皖南工作的时候，也见到许多精美的菱花窗，但往往一村之内，式样变化不多。所以我们见到楼下村的菱花窗变化丰富，兴奋不已。不过它们有一点似乎是千篇一律的，那就是都有一个内框，内框与边框之间有很细巧的卡子花，大都是反复缠绕的植物形曲线，非常空透灵动。它们根部略粗，向梢部渐渐变细，有一种蓬蓬勃勃的生长势头。内框里是各种几何棂子图案或吉祥图案，如寿字、花瓶、五福(蝠)捧寿等。有许多窗扇在棂子图案中央设一个"开光"，作复杂的多层雕刻，题材大多是人物故事。多层雕刻的做法是，先把各层分别雕在几块木块上，每层都是透雕，然后把它们重叠在一起构成的。

下面的横向固定扇的雕刻最复杂、最华丽、最细巧。通常也用卡子花和内框，内框里雕人物故事或花鸟，刻画非常生动，传神而且传情。也有一些做三个内框，中央一个长一点，左右各一个近于正方，也都雕人物或花鸟。

厢房的窗子一般是不能开启的。整体构图与正房次间的窗子相仿，不过各方面都比较简单一些。在楼下村的东头，靠近南山村，平地上有刘姓的房的一对大型住宅，因为一模一样，我们总爱叫它们"双胞胎"，它们之一的门厅两侧和两厢的窗扇的天头华板上雕刻的字概括了儒家的全部伦理思想。它们是："慎言敏事"，"居仁由义"，"克勤克俭"，"有典有则"。下面刻的是和这四句相应的典型的人物故事。装饰不忘教化的功能。

正房梢间的菱花槅扇门，除了下半截的裙板外，上部的构图和题材与次间的窗扇相似，不过在格心下多一块束腰华板。在刘姓天房祖屋前面的一幢大宅里，这一对门的构图比较别致，它内框中央的"开光"是"秋叶"形的，叶子里面雕着一首诗。每个字雕在一小块木块上，然后再镶到斜角的"万字不到头"的底子上去。左边的两扇，有一扇比较完整，只缺了一个字。雕七绝诗一首是：

> 八面玲珑脱俗缘，襟怀别具一洞天。
>
> 怡情共学□[①]公赋，把酒当风志圣贤。

---

① 疑为"谢"公赋。

下款为"琼林",且有印章一枚。

它边上一扇只剩一半字:

一轮金镜照中堂,□□□棂得月光。

□□□□□处,好攀□□神仙□。①

下款没有了,印章还在。

它们对面,也就是右边的两扇,格心已经完全损坏,钉着一块绿色的塑料窗纱。门扇束腰华板上都刻多层的人物花鸟。天头雕拐子龙或刻字,有一家的菱花门扇上刻四个篆字,是"四壁和风"、"半帘斜雨",非常脱俗。

太师壁两侧的太平门,通常比较简单。格心没有内框和卡子花,棂子多直线,中央一般没有开光,天头华板和束腰华板也多作简单的拐子龙,刻字的也有。耳门都是素板的,有些做双扇折叠式,一扇宽,一扇窄。(图5-48)

(图5-48)
住宅内的生活

初见时的兴奋过去之后，门窗槅扇越精美，我们的遗憾也越强烈。已经没有一扇门、一扇窗是完整无缺的了。有不少是严重损坏，有少数一无所剩。并没有丝毫难以保存它们的理由，唯一的理由是愚昧和粗野。男女老少，对这些珍贵的艺术品竟没有一点爱惜。由村长的哥哥刘柏生住着的原地房祖屋，门窗的雕刻特别细致，特别生动传神，构图别出心裁。我们每次从门前经过，都忍不住要进去欣赏一番。

看我们这般喜欢，有一天刘柏生对我们说，老辈人一生有三件大事：结婚、生子、起屋。他们的辛苦劳作，俭约生活，都为了这三件大事。造屋的事，最费工的是雕刻门窗扇，把雕匠师父请到家里来，一般是三位，一住三五年，好吃好喝地招待着，不敢怠慢，这才能有出色漂亮的作品。这样的话我们早先在别处听过许多次，但是，别处也和楼下村一样，既然如此，为什么子孙们竟对它们那样冷漠甚至粗暴，不懂得珍惜呢？

在各地农村，已经由大红大绿的塑料制品代替了手工的木制品或陶瓷制品，虽然艺术品味丧失殆尽，但塑料制品廉价、轻便，毕竟还有一点好处。那门窗槅扇，至少并没有妨碍什么，也没有用别的东西去替代它们，如玻璃窗之类。它们的被损坏是为了什么？我们在乡土建筑的考察中，所见的文明退化现象太多了，虽然电视机已经普及，高跟鞋也踏上了林莽中的石子山路，喀喀地响。

楼下村住宅里有一种很别致的窗子，用在后檐廊的次间，檐柱之间的槛墙上。这是一种直棂窗，棂子的宽度和棂间净空的宽度相等。巧妙之处是它有里外完全相同的两扇，外扇固定，内扇

---

① 2006年4月，我们再度到楼下村，这两扇雕花已经全部被破坏。

可以左右移动一格，所以，内扇的棂子既可以与外扇的重合，这时窗子透明度就比较大，也可以与外扇的空隙重合，这时窗子就不透明，但仍可以透一点风。内扇也可以停留在两个位置之间，透明度因此便可以调节。这种窗子有一个极为古怪的名字，叫"鲎叶窗"。鲎是海中的节肢动物，扁平，背上有一块硬甲，拖一根长长的剑一样的尾巴。它和这窗子有什么关系呢？我们实在弄不明白，认为言语不通，肯定是听错了。不料回来之后查光绪《福安县志》，却得到了一个十分有趣的解答。《县志》卷七"物产"说：

鲎，介而中折，《山海经》注，鲎鱼形如惠文冠，青黑色，十二足，长五六寸。雌常负雄，渔子取之，必得其双。《本草》云，牝牡相随，牝者背生有目，牡者无目。牡得牝始行，牝去牡死。……其相负乘也，虽风涛终不解，谓之鲎媚。过海辄相负于背，高尺馀，乘风游行如帆，谓之鲎帆。

这种"鲎叶窗"，可以看做是雌雄相负成双的窗。像"虾蛄墙"一样，这是滨海乡民"譬诸于物"所起的名字，乡土味很浓。也许还暗喻生死不渝的爱情。即使在封建家长制之下，家庭也是需要爱情的。

也有一种很别致的门扇。它分上下两截，上半截双扇，下半截双扇，一共四扇。平时可以只关闭下半截，则上半门洞可以采光通风。必要时上下全关闭。这种门扇并没有有趣的专名，它们仿佛只用于饭厅朝后天井的门上。我们只见到一例用于前厢的明间。

住宅的院门在大门外侧多有半截门扇，白昼关闭。所以石库门的两侧石条上1米多高处有一个向前凸出大约15厘米的轴碗，容矮门扇门轴的上端，下端的轴碗则紧贴地面。为了做这两个轴碗，石条的坯料要比完成后的石条粗大得多，加工量也很大。这做法实在不大聪明。

我们参观过楼下村附近一些村子，都有鲎叶窗、半截门和四扇门等等。限于我们的工作条件，我们不能勾画出它们的流行范围。

■ 住宅变体

楼下村大型住宅也有少数的变体。例如，有两座大宅，其中一幢为今王炳忠宅，前堂不做前后坡的顶（"重栋"）而做平顶，与三楼的楼面平齐。这样，三楼就比较宽敞，二层谷仓的位置也比较自由。

有一幢今刘祖清的住宅，介于大型住宅与中型之间。由于地形前后比较短，所以没有前厢，后厢也只有一间，在饭厅里设灶兼当厨房。总的进深也小。为了补充失去的空间，就横向扩充而成为七开间。仍有厦间。它的二楼的谷仓分散，有两间很大，因此晾谷场就不完整而多曲折。王炳忠宅也是向两侧发展，每侧多出两道厦间。

中型的住宅大多为王姓所有，五开间，主体布局方式与大型的差不多，一样的轴线对称，以厅堂为中心，有前后堂，不过尺寸都明显缩小，没有前厢，左右也局促。但中型宅中有几个前后堂前都有一排菱花槅扇门，可以将前后堂关闭。这或许是因为没有厢房，厦间也凌乱，所以要把前后堂作起居间使用。

小型住宅只有很老的三幢，分别属刘、王、陈三家，都是老祖屋。它们三开间，不分开前后堂，次间向前凸出，在明间厅堂前形成一个檐廊。商业街的西头路南，有今王富忠的一幢住宅，三层，利用地形高差，在二层入口。一进门，有个采光天井照明底层的后部。这座住宅的山墙很特别，在前坡作了一个弯曲。

近年新建的砖瓦房也都采用传统型制，有前后堂，前后天井，两层，但都是小型的，只有三开间。每幢的造价大约两三万元。

二·住宅功能及使用

　　住宅里最堂皇的部分是前堂，又宽大，又高敞，正对着大门，控制着前天井。两厢陪衬着它，檐廊增添了它的轩昂，又有精雕细刻的门窗做点缀。是住宅的艺术中心。可惜，我们所见，没有一家例外，前堂都是空空荡荡的，往日豪华的家具陈设大都没有了，见有人在前厅逗留，孩子也不在那里玩。冷冷清清，只在夯土地上晾着一层新收的谷子。前堂，作为住宅的礼仪中心，太庄重了，没有人情味，所以脱离了人们日常的生活。

　　但是，所有人家，太师壁前都还保留着三件成套的旧家具。一件是长长的条几（大约长215厘米，宽45厘米，高138厘米)，两端小柜都有雕刻十分精致的面板；一件是香案长130厘米，宽45厘米，高100厘米)，还有一件是八仙桌。香案比条几短，也矮一点，可以塞到条几下面，八仙桌可以塞到香案下面，但比香案宽，形成一层台阶。这三件家具的保留，标志着前堂还保持着它的基本作用，太师壁还保持着它的地位，人们的心里也还保持着一部分古老的传统。作为住宅礼仪中心的前堂，它的主要作用是祭祀。

　　楼下刘氏宗族是苏江(苏垾)刘氏宗族的分支，称始祖刘皈是"汉中山靖王之后"(见《始祖十九公墓志铭》)，更直接地说，是比附为刘备的后裔。所以，楼下村刘姓住宅里，太师壁上都挂关羽的画像或者绣像。关羽被历代帝皇加封了许多"伟大的"称号，到清代竟成了"忠义神武灵祐仁勇威显护国保民精诚绥靖翊赞宣德关圣大帝"，道教又把它奉为"伏魔大帝"，在全国普遍受人崇奉，何况他又是刘备的义弟，对刘备无限忠诚，刘氏后人崇奉他总觉得比较靠得住。现在画像大都已经没有，或者只残剩一些痕迹。我们寄食的人家的右侧，高坎上有一幢大宅，主人外出打工去了，天天紧锁双扉。有一天，打听到一位老人家有它的钥匙，请来开了门，房子虽然不见特别，太师壁上的一大幅的关羽像却还相当完整，神态庄严，气度非凡。两侧有对联"汉朝忠义无双士，千古英雄第一人"。在另一家，太师壁上还挂着一幅绣像，破损已经很厉害，勉强看得出一些片断。虽然如此，对关羽的崇拜一直传承到现在。刘氏宗祠右侧墙外有一幢新造的红砖房，居然在厅堂太师壁上有一幅瓷砖的关羽像，两侧瓷砖的对联是："心存社稷三分国，志在春秋一部书。"

　　每年到除夕，卸下关羽画像，在条几上供祖宗木主。香案上放香炉、烛台，八仙桌则上供品，三牲、十六盘。到正月十五，再重挂关羽像。①在太师壁的两侧，腋门上方，相当于二楼楼面的高处，各有一个雕饰十分华丽的神橱，木制，下有台基式的托盘，沿边设栏杆，上有华盖，左右有菱花槅扇和幔帐，前后几层。形式变化很多，有的很复杂，没有重样。太师壁左侧的，供奉一切神佛仙灵，右侧的供奉高、曾、祖、考四代近祖。神橱的华盖中央有匾，分别刻字，点明了它们的区别。供神佛仙灵的匾上题"如在"、"灵爽"、"昭事"、"匡敕"、"敬恭"、"神灵不昧"、"敬恭明神"、"监观有赫"等。供历代祖先的匾上题："恩格"、"恩勤"、"燕贻"、"芯芬"、"妥侑"、"祖训攸行"、"昭格烈祖"、"垂裕绵长"等。神橱里本来有雕龙神牌，朱漆描金，但

---

① 祭祀时，只有身份很高的官宦人家才挂祖先遗容，楼下村没有这样的人家。

是在"文化大革命"中被一扫而光。现在都只贴一张红纸，上面写几个字，潦潦草草，而且不大通顺。我们在今刘昌华宅中见到两张写得详细认真的纸。左边神佛仙灵的神橱里写的是：

神乃对乃											
右进宝郎君	降祥	龙虎山张天师座前	汉护国丞相博禄侯	敕封五显灵官大帝	敕封护国太后三位三君	南无救苦救难灵感观世音菩萨	太上三元三品三官大帝	敕封杭州府风火院田公元帅	敕封仁勇关圣帝君	杉洋感应林公忠平侯王	锡福	左招财童子

右边历代祖宗的神橱写的是：

上堂山中										
故胞兄··········氏孺人	显考··········氏孺人	嗣祖乌四公··········氏孺人	曾祖迖一公妣··········翁吴氏孺人	迁基祖杰一公妣··········陈氏孺人	历代前贤远近宗··········亲诸大人	高祖寿四公妣··········陈氏孺人	曾祖寿四公妣··········陈氏孺人	曾祖恩八公··········氏孺人	显祖··········氏孺人	嗣考··········氏孺人

刘承贵家的两个神橱里只各有一副对联。左边是："金炉不断千年火，玉盏长明万寿灯。"右边是："祖宗仁裔流源远，子孙贤孝世泽长"，上联"裔"字或是义字之误。（图5-49～图5-51）

（图5-49）厅堂太师壁上左侧为神龛，右侧为祖龛

（图5-50）厅堂神橱之一

（图5-51）厅堂神橱之二

神橱背后有小门，可以从二楼去打开，烧香点烛。不过，现在的神橱里既没有千年火也没有万寿灯，连烛台香炉都没有。有些放个缺口碗，有些放只断颈瓶，农历初一、十五插上几炷香。

虽然受到冷落，蜘网和尘埃却没有能完全埋没它们。朱红、宝蓝、石绿这些明快的颜色和闪闪发亮的贴金，还是在阴暗的角落里光彩夺目。我们禁不住又摄了影，又兴致勃勃地又测量、还拓印，不管高处操作很困难，十分吃力。

和敬神祭祖有点联系，在厅堂里举行的礼仪活动有婚丧寿庆，等等。现在这些仪礼都很简单，我们见到刘立权家嫁女，只在供桌上设香炉烛台，点烛烧香，前堂不过用来展示嫁妆而已。到了吉时，鞭炮一响，新娘在堂前很灵巧地一弯腰上了喜轿，抬起就走，翻山嫁到松萝村去了。亲友则纷帮忙把嫁妆抱到小面包车里，由车子送到新郎家。新郎没有来，由他的弟弟来接喜轿，跟着走回去。光绪《福安县志》记载，婚礼"不行亲迎……虽贫家亦以肩舆"。看来还是古风犹存。

能完整地叙述传统婚礼的人已经没有了。比较一致的说法是，娶亲时，乐队的吹鼓手在前檐廊两边，前堂里设供。条几正中供祖宗神主，左右放花盆；香案正中前部放香炉，后部放斗灯，左右大红烛，八仙桌上三牲祭品和菜肴八盆，酒六杯，茶二杯，果盘一个。[①]新娘到来，在堂上拜天地翁姑。比较引起我们兴趣的是关于"斗灯"的事。"斗灯"是辟邪用的，它的组成很复杂，取日常使用的粮斗，外面糊上红纸。斗里装上一半米，沿四周边插十双红筷子，沿筷子上部围一圈红纸，但在前面留一个空隙。与红纸空隙相对，靠后边立镜子一面。斗的右侧贴边置药戥子一个，左侧置尺一支。斗的中央放一盏油灯，它左右各放一枚红鸡蛋和一朵花。"斗灯"放在香案上，香炉之后，居中，以红纸空隙正对大门，也便是镜子正照大门。新人拜完天地尊长之后，由一位全福老人和新娘一起，把"斗灯"捧进洞房。另有两人把喜烛送进去。嫁女人家，供桌、香案等一样，但女儿出门时，要把"斗灯"掉转来，空隙朝后，为的是不让女儿把风水带走。除了"斗灯"，迎亲之家另一件必备的是火钵，放在香案之下，寓意"香火"。

我们在村里挨家挨户进进出出，看到许多大宅，前堂的柱子上，房门两侧，都有红纸写的结婚喜联。有些已经陈旧，快要褪尽艳红。一打听，孩子都已经学步了。凡有喜联的人家，前堂上空必有两条对角线交叉的铁丝，上面挂着些五颜六色的纸条。我们照相的时候，嫌它们碍事，都用竹竿挑开。回来一看，一张带纸花璎珞的照片也没有，又觉得遗憾。长期保留喜联和璎珞或许是一种习俗，它确实给有点凝重的前厅一份色彩，一份温馨。

送终送葬的程序比较复杂。人死之后，暂时陈尸在后堂的左侧，以脚朝前。同时把棺木放在后堂的右侧，以头朝前。人无论死在哪个房间里，往后堂抬的时候，都不得经过前堂，而要在两侧绕过去，或者从房间里穿过去。3天后入殓，入殓之后，儿子要在棺木边"坐草"49天，就是在棺木边铺一层稻草，日夜坐在上面，来了客人便号哭。前堂设供桌。到择定的下葬日子。棺木从太师壁右侧的"太平门"抬出。"太平门"只在抬棺木的时候开，左侧的抬进棺木，右侧抬出棺木。我们工作期间，有一家老人去世了，刚刚入殓，棺木还在后堂，旁边靠墙竖着一堆"哭丧棒"，四五十厘米长的树枝，裹着白纸，再缠上一根窄窄的红纸条，成螺旋状。"坐草"的事是已经没有了，前堂的供桌也没有摆，因为死者一家占有大宅的右半，所以在条几的右端立一个镜框，里面置死者的遗容。镜框前放一只碗装半碗米用来插香，但香早已燃完，只有一把紫红色的细细香棒。镜框旁边有一堆白纸做的"蟒带"，和哭丧棒一样，是出殡时用的。

---

① 新年祭祖时相同。丧事以白烛代红烛。

我们没有等到这家出殡，只好向人打听出殡的程序。其中引起我们兴趣的，与新妇进门的一个仪式细节有类似的含义。送父母上山，每个儿子挑一副担子，一头箩筐里装个"斗灯"，一头装个火钵。在墓穴将要封毕时，从最后一块龙门砖的空隙里引出放在穴中的蜡烛的火来，点燃斗灯和钵里的炭。挑回来，斗灯放在前堂供桌上香炉后，火钵放在供桌下，把炒过的盐撒在火钵上，噼噼啪啪炸出声来。这个程序的意义就是承传香火。①在封建家长制度下，家族的繁衍是头等大事，所谓"上事宗庙，下继后世"。

　　光绪《福安县志》卷十五"风俗"说："士大夫之家，遇丧事亦必成服虞祭，第不能纯任《家礼》(按：指《朱子家礼》)，未免浮屠经忏之惑。及葬，崇信堪舆，择地卜吉，每至岁月迁延，始营杯土。富者务侈，伐石筑灰，一坟重费数石金，故中人之产，多不能举。"现在的丧葬仪式比那时候简单多了，但"择地卜吉"和"伐石筑灰"还在继续做。南山村的寻龙先生郑成祥的主要营生就是为阴宅找风水地，每次收费300元。据说有些人家到外村找更有名气的寻龙先生，一次择地要1 000元左右。我们住的狮峰寺两侧，现在已经新坟累累，都是石筑的，每座占地都在10平方米以上。楼下村村民委员会办公室的门道里，有一位50来岁的人，是村老人会会长刘汝仪的弟弟，从早到晚坐着刻墓碑，每个字3块钱，业务兴隆，墙角里堆着一大堆石板。

　　有一天早晨，我们刚刚走到刘氏宗祠前面，一位老人迎上来气呼呼地对我们嚷了许多话，我们一句也听不懂，莫明其妙。幸好一位小学生翻译，才知道，原来头天我们在宗祠里测量的时候，打开了享堂边小院的门，老人养的鸡跑了出来，吃了拌过老鼠药的谷子，死掉了四只。我们当即答应赔偿，他要了60元，我们没有含糊，马上给了。第二天，老人家大约觉得过意不去，再三要带我们到他家去看看。我们去了，老人兴高采烈，忙乎了一阵，在厅堂前檐挂了一幅大红幔帐，上面绣字"德宜是福"，八仙桌前围了大红缎帏，绣字"世代昌隆"。太师壁上则是红缎幛子，边上绣着八仙和"百子千孙"。老人不久前庆祝70大寿，这些都是女婿送的，价值两三千元。幛子正中缝一块白绸子，用毛笔写着寿序，落款是他的女婿，一位大学的硕士研究生。寿幛边，太师壁上还贴着一张印刷的外国影星的大照片，半裸的，搔首弄姿，一身媚态，看来已经贴了好几年了，做寿的时候都没有舍得撕掉。当地习惯，凡过寿辰，寿序都应由女婿送，没有女婿的则由外甥送。我们请老人坐在八仙桌旁，给他照了一张喜气洋洋的相。

照完了相，老人招呼我们跟他走。下了一道坡，来到我们很熟的一家，男主人早已没了，女主人叫郭金枝。老人对她说了几句话，郭金枝就带我们上二楼，打开紧靠前堂上空背后的一间仓房，我们定睛往暗中一看，原来是几扇围屏。赶紧搬到楼下前堂，那真叫精彩，朱红金漆，衬墨绿底子，既富丽又沉稳。每一扇都镶着大小几幅雕刻，构图紧凑，人物生动，是典型的福建屏风精品。但它们显然不足一整套。老人又叫我们跟他走，这一回是上了两道坡。进了一家大宅，他又对主人说了一番，主人也带我们上二楼，搬了几扇围屏下来，放在后天井里。这几扇加上郭金枝家的几扇，是完整的一套，当地叫"全围"。围屏共18扇，8扇大的，有4幅刻对联，有4幅雕花鸟人物，10扇小的，中央8扇雕一篇寿序，上下还都有雕刻，另两扇是素的，分在左右。这种围屏叫寿屏。祝寿的时候，10扇小的立在条几上，八扇大的落地，每边各立4扇。每扇之间可以用搭扣相连。大扇宽26厘米，高260厘米，小扇宽20厘米，高160厘米。围屏式的寿序比起在绸子上墨书来，那可是辉煌得太多

---

① 凡度、量、衡器，在中国传统文化中均有神圣的意义，象征公正、明察。升、斗均可为容器，但升太小，且无梁，而头之大小合适，且有提梁，故于婚丧等礼仪中使用。尺、秤与镜、筛组合，作为辟邪的法物，通常悬于新落成房屋之大门上方，新娘喜轿前檐也悬挂。筛喻"千只眼"，镜喻"照妖镜"，也都是明察鬼妖，使无所遁形之意。

了。据说旧时几乎家家都有，婚事、丧事等也用围屏，并不稀奇。在"文化大革命"时期，全都烧掉了，这一套在20世纪50年代初"土地改革"时分给了这两家，他们"成分好"，才敢冒着极大风险埋在地下保存下来，碰巧是同一套。

这篇寿序，墨绿底子，阳刻贴金。每扇五5行，每行16个字，正楷。题目是《恭祝大懿范刘母族叔祖母陈孺人七十荣寿序》，下款为"岁贡士原任延平府沙县儒学训导甲科乡试钦赐举人礼部会试钦赐国子监学正夫族孙尔臻顿首拜撰。"时间是道光元年（1821）正月元旦。距今已经有175年历史了。①

后来在今刘荣玉住宅，我们又见到全村仅存的一副木板浅刻对联："闿德足延龄星纪八旬辉北极；馆甥娱舞彩云联四代颂南台。"上款"刘府岳母张孺人八十荣寿大庆"，下款"婿郭之藩率男外孙……同顿首拜祝"。这又是女婿给岳母祝寿用的。中年以上的乡人们大多记得，"文化大革命"之前，家家前堂都有几副木板楹联。

和木板楹联一样，过去家家前堂太师壁上方都有一块大匾。现在在全村我们只找到8块，却都是为祝寿赠的。其中一块被当做门板，挡在一幢住宅二楼后面的悬门上。恰恰这块匾又是女婿送给岳父的。四个字是"杖乡硕德"，上款"清恩贡刘翁伯虞岳父大人六秩荣庆"，下款"愚女婿吴五璋率男……"，时间是民国十四年（1925）元月。另外几块都是有身份有地位的人送的，而不是女婿送的，一块在今王介生宅，几个字是"萱草长荣"，款识是"丁丑科进士现任延平府都闾府通家侄生林登瀛为王门寿母彭孺人九旬立"，时间在光绪二十二年丙申（1896）正月元旦。还有一块在今刘承贵宅，寿翁是承贵的太公刘绅庭，六十花甲，送匾的是张如翰，丙子科举人，诰受奉政大夫，任福宁中学监督。匾上大字是

"杖年乡望"。这位绅庭先生曾为太学生，后来经商，匾上款识说他"立身质直，秉性刚方"，"急公好义，久著乡林"。比较早的一块匾是今王菊容家的，立于同治元年（1862），题"抱德炀和"。这块匾的款识很有意思："钦命兵部左侍郎提督福建全省学院加十级随带加五级纪录十次徐树铭为老民王步陆六旬立。"一个大官僚竟为一个没有任何头衔身份的"老民"立了一块匾，不知是为什么。[②]（图5-52）

（图5-52）凡祝寿，贺匾均挂在厅堂上

---

① 2006年4月，我们重游楼下村，被告知这副寿屏被"偷走"了。
② 古礼，六十岁始行祝寿，以后逢十晋寿。今存之匾，多为六十祝寿者，故多用"杖乡"、"甲花"等词。其余仅九十者一例。推测，或者乡俗仅为六十者悬匾，以其为一甲子也，或者大多寿不及七十。

这些匾，宝蓝底子，鎏金大字，走龙镶边，在前堂很有装饰性，是造成前堂庄严气氛的重要因素。立匾都因祝寿，寿考意味着健康。这些匾可以看做乡人们历来对健康的渴望和仰慕。而老人的健康，意味着家长制家庭的稳定祥和，所以，这些匾的社会意义是为了维护封建的家长制度。

现在庆寿已经没有了这种排场，就像结婚一样，在前堂贴些红纸对联，而且任其褪尽朱颜，并不除去。所以在不少人家，可以见到满堂的残联。内容都是陈词，很俗滥。

目前为加强封建家长制的凝聚力，刘氏宗祠所采取的许多措施，其中之一是在阴历除夕前的最后一个黄道吉日，给各家送喜报。内容是各家过去一年之内的可贺之事。喜报写在大约40厘米宽、90厘米长的红纸上，派人吹着唢呐，敲锣打钹送到各家。因为可报的喜事十分广泛，从生儿到葬亲，所以几乎家家可以得到几张。得到之后，张贴在前堂左右"对树花"的下面，飘飘扬扬，保留一年，给前堂渲染出一股喜气。我们抄录了一些喜报，如："恭祝瑞华君得男，天赐麟儿，族众首贺"，"恭贺丽芳添女之庆，掌上明珠，福首同庆"，以及"刘国星君成人有德，红日初升，鹏程万里"，[①]"兴君弱冠，木兰英姿"，"丹女士及笄，文武双全"，"刘剑仁君荣升大学，金花插顶"，"刘登经、郑雪容结婚之喜，鸾凤和鸣"，"成光翁八秩荣寿，鹤发童颜"，"刘松国弟兄奉显妣荣葬佳城"，等等。这个送喜报的举措可能是老传统，一直到现在还奉行着，祠堂里的"总理"和"理事"们恪守他们的责任，维护着宗族的和睦团结。

除了纯粹仪典性的活动外，前堂也有些日常的活动，都是比较隆重的，主要是接待贵宾。一般的亲友在厦厅接待，比较重要或特殊的则在前堂接待。因此，前堂本来是陈设着太师椅，靠背椅和茶几的。现在已经没有一家陈设着了，不过我们在郭金枝家楼上还看到有些靠背椅和茶几胡乱堆放着，材料和做工都很讲究。

既然接待宾客，前堂便须有比较轻松的装饰，调剂一下过于肃穆庄重的气氛，这便是两侧板壁上挂的字画。这些字画现在一张都没有了，我们也没有能打听到谁家还珍藏着一两张。不过，所有的前堂，侧面板壁上都有用来卡住压画条的小木件。它的位置略高于扶手椅背，大约16厘米长，8厘米宽，透雕作松竹梅、折枝花、瓶花、鱼鸟，等等。每个柱间有一对这种小木件，它们上沿有个卡口，把木质的压画条卡上，便能压住挂在壁上的字画的下端，使它们不致摆动。太师壁上也有一对，更大一些，更华丽一些。板壁是清水的，浅褐色，而这些小木件是朱红贴金的，点缀得前堂素雅而不失高贵。现在，家家厅堂上都挂些电影明星的大照片，尤其多赤胳膊露腿的。据说每年年初，有小贩在城市里低价收购前一年的月历，拿到乡下来卖，农户多买来张贴。也有不少是专为张贴而印刷的，更加赤露。大概因为农民习于劳作，所以比城市居民更能欣赏人体的美。

前堂的前金柱间、金柱间和檐柱间的横梁上都有两个挂钩，在各种庆典或礼仪时悬挂大红灯笼或者宫灯，使前堂更加华贵辉煌。

前堂里，不论是婚丧寿庆的仪典，还是关公像、大匾、联对、书画、喜报，无一不在宣扬传统的纲常伦理。前堂是封建教化中心，它把忠义、孝悌、"立身质直"、"急公好义"这类道德价值标准传给后代，也同样会在书画楹联之中把"耕读传家"、"勤俭淡泊"一类的生活方式传给后代。

---

① 村中至今尚有16岁成年的庆典，尚存古风。

"中国古代建筑知识普及与传承系列丛书"已出版

"北京古建筑五书"

浓缩北京古都精髓 · 展现传统建造艺术之美

1.《北京紫禁城》

定价：82.00元

作者：刘畅

ISBN：978-7-302-19777-5

2.《北京天坛》

定价：65.00元

作者：王贵祥

ISBN：978-7-302-19776-8

3.《北京颐和园》

定价：70.00元

作者：贾珺

ISBN：978-7-302-19773-7

4.《北京四合院》

定价：60.00元

作者：贾珺

ISBN：978-7-302-19774-4

5.《北京古建筑地图（上册）》

定价：79.00元

作者：李路珂等

ISBN：978-7-302-19775-1